Boîte à Science

DES OBJETS QUI ONT DU MÉTIER!

Exploration professionnelle en SCIENCE et en TECHNOLOGIE

Septembre éditeur

Table des matières

Des objets qui ont du métier!

Exploration du monde de l'emploi en sciences et en technologie

La Boîte à science a accepté l'invitation de Septembre éditeur à participer à la rédaction de l'ouvrage *Des objets qui ont du métier!*, car l'éditeur souhaitait créer une œuvre présentant des métiers en science et en technologie, mais d'une façon nouvelle, plus concrète et dynamique.

Notre mission étant d'éveiller l'intérêt pour la science et la technologie, nous avons été conquis par cette proposition d'aventure, d'autant plus qu'elle permettait d'élaborer des textes à partir de la curiosité et du quotidien des jeunes, ce qui, selon nous, est un moyen extraordinaire d'explorer le monde des métiers en science et en technologie.

Avez-vous remarqué que quelques minutes d'attention suffisent pour déceler une multitude d'innovations dans notre environnement immédiat? Comment ça marche? Comment c'est fait? Qui l'a inventé? Depuis quand ça existe? Toutes ces questions permettent de réaliser le génie et la science qui se cachent derrière ces objets mis au point par l'humain, et que l'on tient facilement pour acquis.

Cet ouvrage original a la particularité de tisser des liens entre les objets du quotidien, les principes scientifiques qui leur permettent de fonctionner et les nombreux métiers qui gravitent autour de leur conception ou de leur utilisation. L'ouvrage permet ainsi de créer des modèles de métiers inspirants pour les jeunes, les professeurs du secondaire et toute autre personne curieuse qui s'intéresse aux prouesses et aux réalisations du cerveau humain. Il encourage de plus à prendre conscience de notre environnement technologique et à y porter une attention particulière.

La première partie de ce livre, rédigée par notre équipe d'éducation scientifique, est le fruit d'une jonglerie ludique où des objets du quotidien sont devenus sujets d'enquête approfondie : qui les a inventés et quand ? Quelles découvertes scientifiques préalables ont permis leur création ? Ces explorations « historico-scientifiques » ont mené à des découvertes fascinantes.

Par les sujets traités et le ton privilégié, cet ouvrage s'adresse aux jeunes du secondaire. Mais les informations contenues, validées par des professionnels de chaque domaine, seront tout aussi utiles aux professeurs de science et aux éducateurs scientifiques qu'aux conseillers en orientation. Le style informel et la masse d'information présentée plaira également à quiconque s'intéresse aux sciences en général et aux enjeux qu'elles proposent.

La Boîte à science est un organisme à but non lucratif qui a pour mission d'éveiller l'intérêt pour la science et la technologie. Au service de la collectivité depuis 25 ans, elle transmet sa passion pour l'apprenant, la science et la technologie par des activités axées sur l'expérimentation et le jeu. Le participant est encouragé à laisser libre cours à sa tendance naturelle à toucher, à manipuler, à communiquer et à se questionner.

Explorer l'univers des sciences et des technologies sous l'angle du choix de carrière

Le journaliste informe. On le sait : chaque matin dans notre quotidien préféré, on lit ses reportages. Mais que fait l'assembleur-confectionneur en matériaux composites, le technologue en chimie, l'ingénieur mécanicien? On n'en sait trop rien... Pourtant, le résultat de leur travail est omniprésent dans notre quotidien.

Voilà la raison d'être de la première partie de *Des objets qui ont du métier !* Présenter des métiers et professions qui sont en lien, d'une manière ou d'une autre, avec les sciences et les technologies, les situer dans un contexte de travail « concret » et démontrer le résultat « concret » du cumul des tâches exécutées par les gens qui exercent ces métiers et professions : des objets issus des applications de la science.

Cette exploration professionnelle peut se faire dans le cadre d'une démarche personnelle, mais il est important de savoir que *Des objets qui ont du métier !* a été conçu en tenant compte des objectifs du programme de science et technologie. Ainsi, les trois grands domaines (Terre et Espace, Univers matériel et Univers vivant) trouvent écho dans les innovations scientifiques et les applications présentées dans l'ouvrage. Les auteurs se sont aussi souciés de trouver des exemples correspondants aux concepts prescrits par le programme en plus d'offrir des repères culturels.

Ces éléments intéresseront particulièrement les enseignants du programme d'applications technologiques et scientifiques (ATS). En effet, *Des objets qui ont du métier !*, offre aux élèves de nombreuses occasions d'établir des liens entres des applications technologiques et la pratique de certains métiers. De plus, la proportion des métiers issus de la formation professionnelle représente 30 % des métiers présentés dans l'ouvrage. Il s'agissait d'un critère de base dans la sélection des métiers : présenter tous les ordres de formation* de façon à ne pas perpétuer la fausse croyance que seuls les « ingénieurs » font de la science... Pour un ingénieur combien de techniciens et d'assistants ?

Par ailleurs, *Des objets qui ont du métier!* peut être une ressource utile dans le cadre du Projet personnel d'orientation (PPO) et du cours d'exploration de la formation professionnelle. Avant de se lancer dans l'expérimentation, l'étudiant doit d'abord faire une exploration professionnelle pour choisir le métier qu'il souhaite « mettre en pratique ». Consulter *Des objets qui ont du métier!* s'avère une belle manière de le faire, d'autant plus que la deuxième partie de l'ouvrage fournit des renseignements sur les principales tâches liées à ces métiers et professions, les programmes de formation pour y accéder et le niveau de scolarité exigé pour les exercer.

*Ratio : 30 % formation professionnelle, 35 % technique, 35 % universitaire

DERRIÈRE CHAQUE

VÉLO EN ALU

IL Y A...

Une innovation scientifique:

l'électrochimie

P. 8 et 9

Diverses applications de l'électrochimie

La production d'hydrogène...
P. 10 et 11

La production d'ozone...
P. 12 et 13

Le placage et la dorure...
P. 14 et 15

Le vélo en alu

À toute allure!

« Arrivé au sommet de la montagne par le télésiège, tu t'apprêtes à descendre « La Kamikaze », la pente pour les experts. L'hiver, tu la réussis bien avec ta planche, mais en ce moment, c'est l'été et c'est sur ton vélo en aluminium que tu vas tenter le coup. Tu attaches ton casque, tu prends deux bonnes respirations et te voilà parti pour la descente infernale! Espérons que le vélo tiendra le coup! »

La compagnie Devinci fabrique des cadres et des vélos en aluminium depuis 1987. Les vélos haut de gamme de l'entreprise, basée à Saguenay, se vendent maintenant par milliers, partout dans le monde, et on les voit souvent lors des compétitions cyclistes.

Le **technologue-métallurgiste** plonge les cadres dans un bain d'électrolyse.

© Devinci

© Devinci

La compagnie a été fondée par deux étudiants mordus de vélo. L'un étudiait pour devenir **ingénieur mécanicien**, l'autre pour être **designer industriel**. En unissant leurs spécialités, ils ont créé un produit gagnant et innovateur grâce à l'aluminium, un matériau peu utilisé à l'époque en cyclisme.

Les cadres de vélo ont longtemps été faits principalement d'acier. L'aluminium permet plus de légèreté que l'acier, mais comme il est aussi plus « cassant », les techniques pour le travailler sont plus difficiles. Pour faire un bon cadre, il ne suffit pas de souder des pièces ensemble. Les **technologues-métallurgistes** doivent aussi les soumettre à des traitements thermiques et chimiques pour provoquer une oxydation qui améliore leur qualité. Si ces étapes sont bien réalisées, le résultat peut être très résistant.

Les fabricants de vélos modernes incitent leurs **ingénieurs en métallurgie** à créer de nouveaux cadres, toujours plus résistants et plus légers: l'angle de chaque tube a une importance critique, l'épaisseur du métal est calculée en tout point, les soudures sont réduites au minimum, etc. Chez Devinci, on vérifie les prototypes en y installant de nombreux capteurs de déformation reliés à un ordinateur. Celui-ci loge dans le sac à dos du pilote qui teste le vélo dans des conditions extrêmes. Sur l'écran, on peut ensuite voir comment le vélo a absorbé le choc des forces appliquées sur sa structure, les endroits où l'on doit ajouter du métal et ceux où l'on peut en enlever.

© Devinci

Le technicien en génie mécanique élabore un nouveau modèle de cadre.

La conception d'un nouveau vélo est grandement facilitée par l'informatique. Les techniciens en génie mécanique utilisent surtout des logiciels de conception 3D pour créer et tester les prototypes. Comparativement au procédé classique, qui exige de fabriquer un vrai engin en métal, cette méthode réduit de moitié le temps de conception et abaisse d'autant ses coûts.

Le confort est un autre aspect important de la conception. Les raids de montagne durent parfois plusieurs jours et sont un vrai calvaire pour les cyclistes qui ne roulent pas sur un vélo adapté à leur morphologie. Celle-ci est étudiée par des kinésiologues, par des ergonomes et par des entraîneurs d'athlètes. Ils arrivent ensemble à déterminer la position optimale d'un athlète en fonction de son physique et de son vélo.

Grâce à la recherche, l'aluminium, longtemps considéré comme une matière trop rigide pour en faire des cadres confortables, rivalise maintenant avec l'acier et s'annonce de plus en plus comme un matériau du futur. Ce métal est issu d'une science fascinante : l'électrochimie.

DIGNE DU GUINESS

Le record de vitesse à vélo est de 130,36 km/h sur une piste de 200 mètres. C'est Sam Whittingham, un cycliste canadien, qui l'a établi le 5 octobre 2002 grâce au **Varna Diablo II**, un vélo d'acier chromoly à position couchée, doté d'un carénage (une coque aérodynamique) fait de fibre de carbone.

L'ÉLECTROCHIMIE

À en perdre ses électrons!

Le technologue en minéralurgie analyse des échantillons de bauxite et d'alumine.

Les technologues en minéralurgie obtiennent l'aluminium principalement en l'isolant d'un minerai appelé bauxite. Cette purification, cependant, n'est pas aisée et requiert beaucoup d'énergie. Pour la comprendre, il faut quelques notions de chimie.

La matière est constituée d'atomes, et ces atomes sont formés d'un noyau central autour duquel gravite un nuage d'électrons. Le noyau contient des neutrons et des protons, ces derniers ayant une charge électrique positive. En périphérie, les électrons sont chargés négativement. L'atome est donc neutre, car il contient autant de charges positives que négatives.

Comme ils sont mobiles, les électrons peuvent parfois être échangés entre deux atomes, mais tous les atomes ne se comportent pas de la même façon. Certains retiennent leurs électrons fortement et peuvent même en attirer de nouveaux, alors que d'autres en perdent assez facilement.

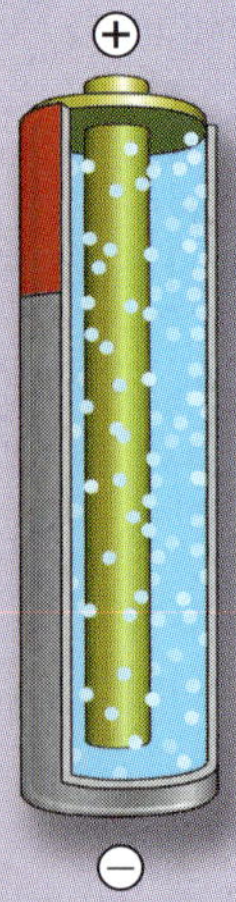

Lorsqu'une réaction d'échange survient, l'atome qui gagne des électrons est appelé **oxydant,** et celui qui en perd est le **réducteur.** La réaction complète est une **oxydoréduction.** L'intérêt d'une telle réaction repose sur l'échange d'électrons. Si l'élément qui perd des électrons est physiquement séparé de celui qui en gagne, le transfert d'électrons peut alors se faire par un fil conducteur dans lequel circule un courant électrique. L'expérience de la pile au citron permet d'observer ce phénomène*.

Un tel système constitue une **pile électrochimique.** Les piles commerciales fonctionnent selon ce principe : une tige de carbone oxydant est plongée dans une pâte contenue dans un récipient réducteur. En branchant la pile dans un circuit électrique, la réaction d'oxydoréduction a lieu spontanément, car on permet le transfert d'électrons. La pile est épuisée lorsque tout le métal du contenant est utilisé.

L'**électrochimie** est la science qui étudie les conversions entre l'énergie chimique et l'énergie électrique dans les deux sens.

Bauxite concassée, Australie.

L'aluminium, purifié par la magie de l'électricité

La purification de l'aluminium des vélos est une utilisation classique de l'électrochimie. Dans la bauxite naturelle, l'aluminium se trouve sous forme oxydée, en association avec l'oxygène : c'est l'alumine, Al_2O_3. Si l'on fait le montage d'une pile, mais qu'on inverse la réaction d'oxydoréduction en forçant le passage des électrons à contresens avec une

Si l'on plante une tige de cuivre et une tige de zinc dans un citron et qu'on relie les tiges à l'aide d'un fil électrique, on obtient suffisamment de courant pour faire allumer une petite ampoule. Attaqués par le jus acide du citron, les atomes de zinc perdent plus facilement des électrons que les atomes de cuivre. Ce cuivre attire alors les électrons du zinc à travers le fil conducteur, ce qui génère un courant électrique d'un peu moins de un volt. Lorsque tout le zinc s'est dissocié dans l'acide, la pile cesse de fonctionner.

source d'électricité, on oblige le métal – qui cède normalement des électrons – à en accepter, et celui qui en reçoit, à en donner. C'est ce qu'on appelle l'« électrolyse ».

Pour réussir l'électrolyse, des **opérateurs de salle de cuves** doivent d'abord fondre le minerai. Comme le point de fusion de l'alumine est très élevé (2 050 °C), des **technologues en chimie** la mélangent d'abord à de la cryolithe, un fluorure d'aluminium et de sodium. Le point de fusion du mélange descend alors à 1 000 °C. Dans ce bain, l'oxyde d'aluminium se dissocie en Al^{3+} (il manque trois électrons à l'atome d'aluminium) et en O^{2-} (l'atome d'oxygène a deux électrons en plus). Le fond de la cuve électrolytique* est fait de carbone, et de grandes tiges de carbone plongent également dans le liquide. Ces deux éléments en carbone constituent les électrodes sur lesquelles on branche l'électricité. Lorsqu'on fait circuler un courant électrique dans le liquide, on fournit aux atomes d'aluminium les trois électrons qui leur manquent et ils deviennent de l'aluminium pur, Al. Cet aluminium s'accumule alors sur l'électrode du fond, alors que l'électrode de surface est le siège de la production de gaz carbonique (CO_2), car l'O^{2-} se fait enlever ses électrons en trop et les remplace par ceux que lui fournit le carbone (C) de l'électrode, qui devient ainsi du CO_2. En ouvrant une trappe au fond du réservoir, les **couleurs de fonderie** peuvent laisser couler l'aluminium pur.

© Rio Tinto Alcan

L'**opérateur de salle de cuves** siphonne une cuve à l'aide d'un tableau de contrôle mobile.

© Alcoa

Un **couleur de fonderie** prépare une fonte de fer qui sera utilisée dans la fabrication des anodes des cuves d'électrolyse de l'aluminium.

L'extraction de l'alumine et le procédé d'électrolyse demandent énormément d'électricité. C'est pourquoi les alumineries sont construites aux endroits où beaucoup d'énergie électrique est facilement accessible, quitte à importer la bauxite de très loin. Alcan, le fabricant québécois d'aluminium, a installé plusieurs de ses alumineries dans la région du Saguenay, justement parce que les nombreux cours d'eau de cette région leur procurent l'énergie nécessaire. La bauxite dont l'entreprise extrait l'aluminium provient principalement de l'Australie, de la Guinée, du Brésil et du Ghana.

* Cuve électrolytique

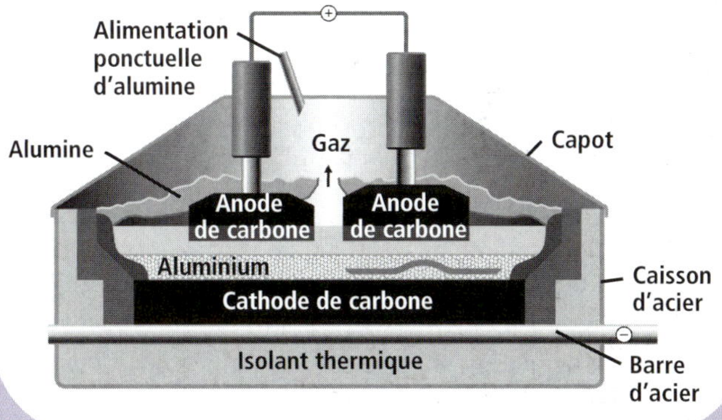

Autres applications de l'électrochimie

LA PRODUCTION D'HYDROGÈNE

LA PRODUCTION D'OZONE

LE PLACAGE ET LA DORURE

VIE ÉTERNELLE, OU PRESQUE !

Heureusement, l'aluminium est hautement recyclable : il suffit de le faire fondre par des **conducteurs de four à fusion**. En plus des avantages environnementaux, le recyclage de l'aluminium est beaucoup moins coûteux que l'extraction à partir du minerai de bauxite. En sautant l'étape de l'électrolyse, on évite les rejets polluants qui lui sont associés et on utilise 95 % moins d'énergie. L'aluminium peut être recyclé presque infiniment sans perte de qualité.

LA PRODUCTION D'HYDROGÈNE

Le plein d'hydrogène, s'il vous plaît !

« En 2030, tu arrives chez le concessionnaire automobile pour acheter ta nouvelle voiture. Le choix est vaste, et parmi toutes les options, on t'offre de choisir entre un moteur électrique à batterie et un moteur à hydrogène. La plupart des fabricants ont cessé d'offrir des moteurs à essence, et c'est tant mieux. Tu optes pour le moteur à hydrogène, en te disant que tu ne pollueras plus en roulant. Mais en es-tu bien sûr? »

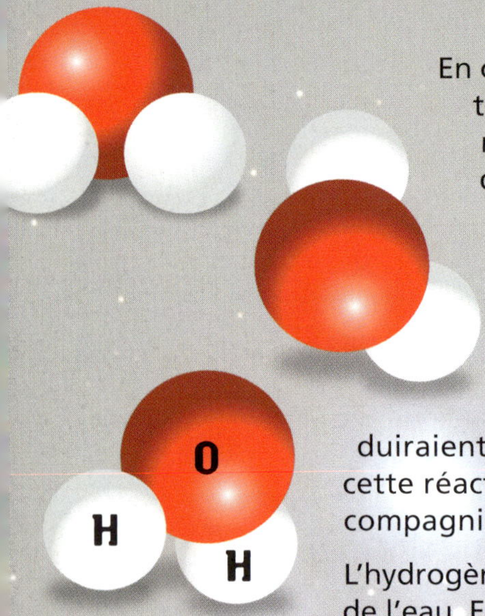

Molécules d'eau

En ce début de 21e siècle, on entend parler de temps à autre des futurs moteurs de voiture qui fonctionneront à l'hydrogène liquide et qui n'émettront dans l'atmosphère rien de plus que de la vapeur d'eau ! En effet, une molécule d'hydrogène est formée de deux atomes d'hydrogène liés l'un à l'autre (H_2). Lorsque deux molécules d'hydrogène rencontrent une molécule d'oxygène (O_2), il y a une combustion rapide et un dégagement d'énergie, de même que la production de deux molécules d'eau.

$$2H_2 + O_2 \longrightarrow \text{Énergie} + 2H_2O$$

L'hydrogène pourrait donc être utilisé dans des moteurs thermiques, qui ne produiraient que de la vapeur d'eau, ou encore dans des piles à combustible qui utiliseraient cette réaction d'oxydation pour produire l'électricité alimentant un moteur électrique. La compagnie Chrysler a déjà une flotte de véhicules fonctionnant à l'hydrogène liquide.

L'hydrogène peut être produit par *électrolyse* de l'eau. En faisant passer un courant électrique dans un bassin rempli d'eau, la réaction décrite ci-dessus s'inverse : de l'hydrogène est produit à l'une des électrodes de platine; et de l'oxygène est produit à l'autre.

$$\text{Énergie} + 2H_2O \longrightarrow 2H_2 + O_2$$

Cette transformation requiert beaucoup d'électricité et l'énergie réellement stockée en hydrogène représente seulement 60 % de cet investissement. L'hydrogène n'est donc pas vraiment une source d'énergie, mais plutôt une façon de la stocker.

Les technologues en génie chimique connaissent une autre méthode qui permet un rendement de 45 % : la dissociation du méthane (CH_4) en présence de vapeur d'eau et de chaleur. En utilisant cette méthode, on produit de l'hydrogène, mais aussi du gaz carbonique, le gaz à effet de serre qu'on veut justement réduire en implantant des moteurs à hydrogène.

© P. Sorrentino/SPL/PUBLIPHOTO

Le technologue en génie chimique mesure la quantité de gaz carbonique émise par cette pile à combustible.

Des **écologistes** croient que l'utilisation d'hydrogène à la place des hydrocarbures ne fera que déplacer les problèmes de pollution : les voitures ne pollueront plus, mais les usines productrices d'hydrogène le feront.

L'autre gros problème à résoudre concerne le transport et le stockage de ce combustible. L'hydrogène est un gaz et il prend beaucoup d'espace. Pour le transporter efficacement, il faut l'amener à son état liquide, soit en abaissant la température à –253 °C, soit en augmentant la pression à plus de 700 fois la pression atmosphérique normale, des procédés qui demandent beaucoup d'énergie.

Nanotubes de carbone

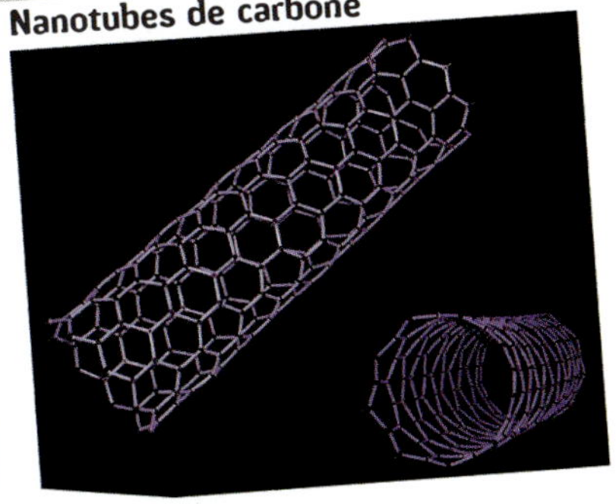

Des avenues de recherche pointent présentement vers des réservoirs faits de nanotubes de carbone. Ces tubes extrêmement fins peuvent retenir jusqu'à 2 % de leur masse en hydrogène au sein de leurs parois. Mais les recherches menées par les **physiciens** n'en sont encore qu'au stade théorique.

Malgré ces obstacles, l'hydrogène est déjà utilisé par les **chauffeurs de four à hydrogène** comme source de chaleur pour évacuer l'humidité et les impuretés des matériaux servant à la fabrication de pièces électroniques.

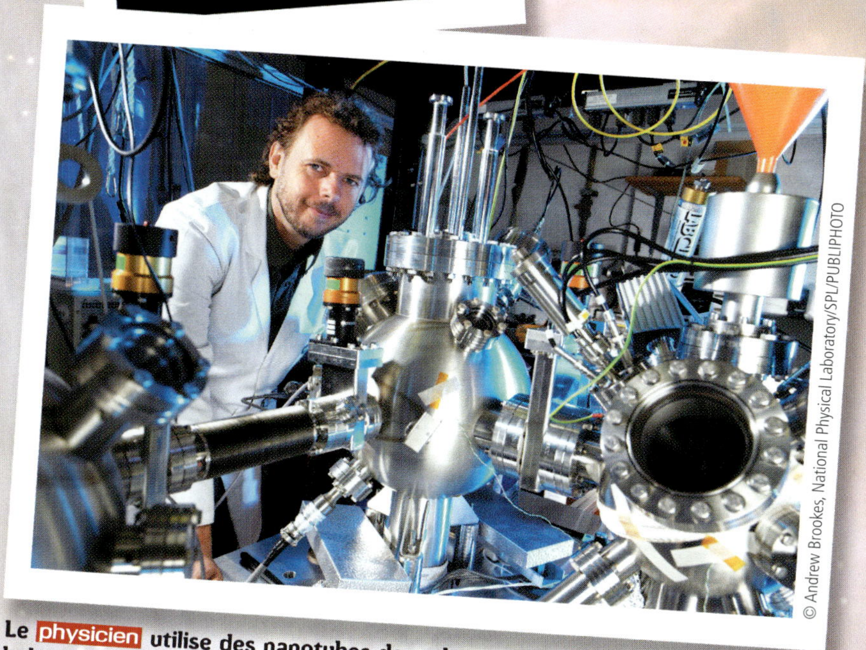

Le physicien utilise des nanotubes de carbone pour mesurer la température, la longueur et la conduction électrique à l'échelle du nanomètre.

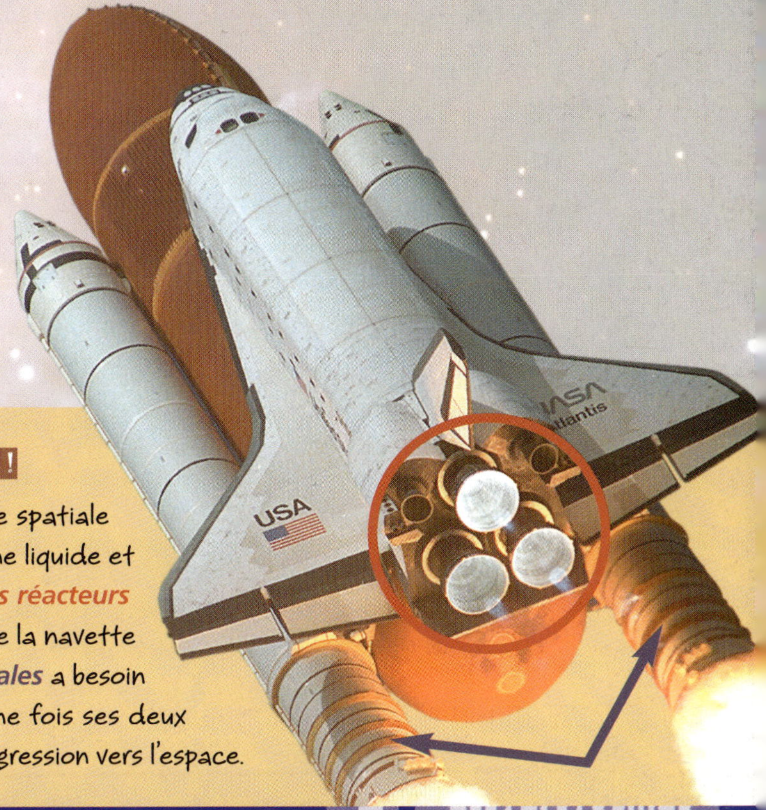

À LA CONQUÊTE DE L'ESPACE !

L'énorme réservoir attaché au ventre de la navette spatiale est en fait un réservoir double : il contient de l'oxygène liquide et de l'hydrogène liquide. En se rencontrant dans les *petits réacteurs* de la navette, ces composés s'enflamment et la poussée propulse la navette dans l'espace. Pour brûler, le carburant classique des *fusées latérales* a besoin d'oxygène gazeux, qui n'est pas présent dans le vide spatial. Une fois ses deux fusées latérales épuisées, la navette les largue et continue sa progression vers l'espace.

LA PRODUCTION D'OZONE

L'ozone, à la fois toxique et indispensable à la vie

« Dans la salle d'attente de la clinique dentaire, tu repères la distributrice d'eau. En te servant un verre, tu remarques sur la grosse bouteille bleue l'inscription « Eau purifiée à l'ozone ». Intrigué, tu te demandes s'il y a un lien avec certain trou dans la couche d'ozone, mais l'eau dans ton verre est bien froide et bien bonne... »

L'été, pendant les quelques minutes qui suivent un gros orage, il reste souvent dans l'air cette légère odeur... d'orage ! En fait, la petite odeur particulière est celle de l'ozone, un composé créé, entre autres, par l'énergie des éclairs.

L'ozone est un gaz dont les molécules sont formées de trois atomes d'oxygène (O_3). L'oxygène que nous respirons est formé, lui, de seulement deux atomes (O_2). Si l'oxygène O_2 est oxydant (pensons à la corrosion des voitures), son cousin l'ozone l'est 10 000 fois plus ! Il est tellement oxydant qu'on le considère comme un produit toxique, qu'il faut éviter de respirer.

Ce fort pouvoir oxydant de l'ozone en fait un excellent destructeur de matière organique. On l'utilise pour purifier l'eau potable et pour éliminer les odeurs de fumée et de moisissure sur les vêtements et d'autres objets. On peut le produire dans une pièce hermétique où un appareil déclenche de petites décharges électriques. Comme lors d'un orage, les molécules d'oxygène O_2 s'associent alors ensemble pour faire des molécules d'O_3.

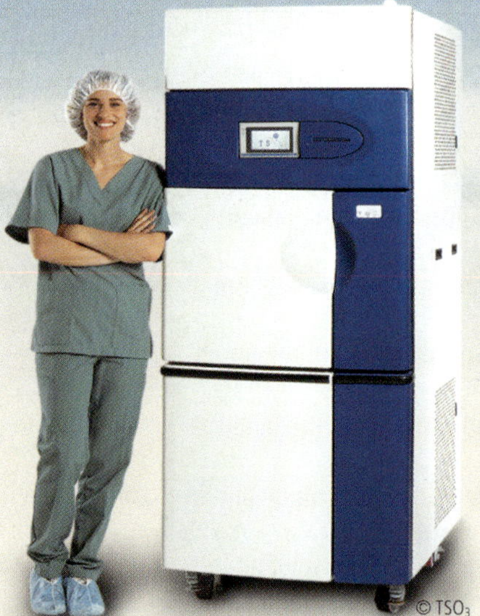

© TSO3

La préposée à la stérilisation utilise un stérilisateur à l'ozone destiné au milieu hospitalier. Cet appareil a été mis au point par TSO_3 pour nettoyer les instruments chirurgicaux.

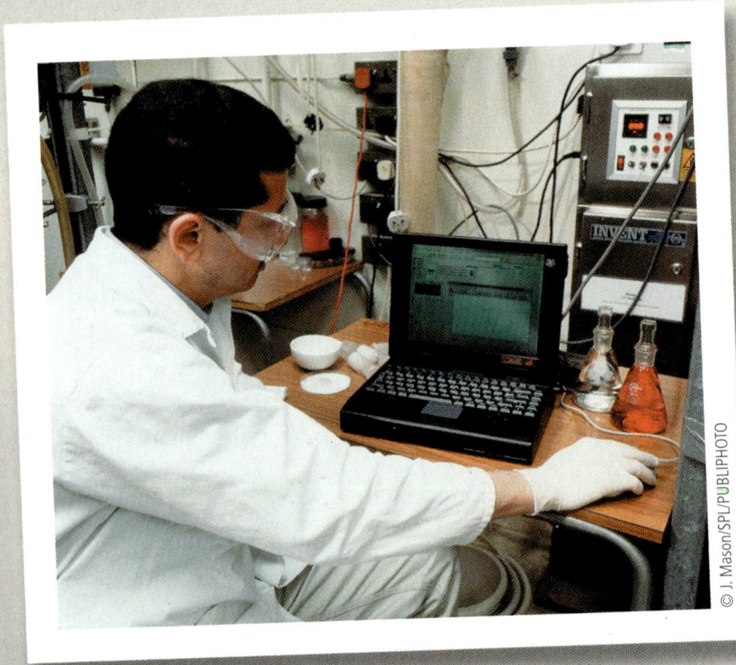

© J. Mason/SPL/PUBLIPHOTO

En laboratoire, le technologue en chimie teste les différentes manières d'utiliser l'ozone pour purifier les eaux usées.

L'autre méthode de production industrielle consiste à faire l'*électrolyse* de l'eau. Une électrode doit être en graphite, l'autre en platine, et l'eau doit contenir un peu d'acide sulfurique. En faisant passer un courant dans l'eau, les technologues en chimie forcent des électrons à s'associer aux atomes d'hydrogène des molécules de H_2O. Il y a alors production d'un peu d'hydrogène gazeux (H_2). Les atomes d'oxygène résiduels se regroupent alors par trois pour former la molécule d'ozone.

De l'ozone est produit naturellement dans la haute atmosphère, entre 20 et 50 kilomètres au-dessus de nos têtes, à partir de molécules de O_2. Les rayons ultraviolets du Soleil « cassent » les molécules de O_2 en leurs deux atomes d'oxygène. Ils s'associent rapidement avec deux molécules intactes de O_2 pour former deux molécules de O_3.

L'ozone est très dilué dans l'atmosphère. Si l'on pouvait rassembler tout l'ozone présent dans la trentaine de kilomètres d'atmosphère où il se trouve, il formerait une couche d'à peine trois millimètres d'épaisseur. Cette couche diluée, pourtant, est essentielle au maintien de la vie sur Terre. Elle bloque une grande partie des rayons ultraviolets nocifs du Soleil et nous empêche de brûler vifs.

PRÉSERVE LA COUCHE D'OZONE

Depuis les années 1970, des observations satellitaires, analysées par des **climatologistes** ont permis de remarquer que la couche d'ozone tend à s'amincir au pôle Sud durant l'hiver austral, c'est-à-dire durant notre été. Le manque d'ensoleillement à ce moment fait diminuer le taux de production d'ozone et sa concentration peut chuter de plus de 66 %. C'est le fameux « trou » dans la couche d'ozone.

Ce cycle naturel est toutefois grandement amplifié par les activités humaines. Nous avons produit de nombreux gaz qui détruisent les molécules d'ozone lorsqu'ils arrivent dans la haute atmosphère. Les CFC (chlorofluorocarbures) sont une famille de gaz particulièrement dévastateurs à ce chapitre. Utilisés autrefois dans les systèmes de climatisation et dans les bombes aérosol, ils sont maintenant interdits dans la plupart des pays.

© G Steinmetz/SPL/PUBLIPHOTO

Pour mesurer la couche d'ozone, la climatologiste et son équipe de travail recueille des données à l'aide de ballons lâchés dans la stratosphère.

LE PLACAGE ET LA DORURE

De la médaille d'or aux enjoliveurs chromés

« Tes parents et tes amis savent à quel point tu aimes le patinage artistique. Aux Jeux olympiques d'hiver, tu n'as manqué aucune des performances dans cette discipline et tu regardes les athlètes sur le podium. Toute émue, la championne reçoit des mains d'un officiel la médaille d'or qui couronne ses milliers d'heures d'entraînement. Mais est-ce vraiment de l'or? »

Les métaux comme le fer et l'acier sont bien pratiques et entrent dans la composition d'une quantité incroyable d'objets de la vie courante. Malheureusement, ils ont tendance à rouiller avec le temps. Pour éviter cela, on peut les plaquer, c'est-à-dire les recouvrir d'une fine couche d'un métal qui, lui, ne craint pas la corrosion. Différents procédés de placage sont utilisés par les **opérateurs en traitement de surface** *: l'anodisation, la métallisation, les conversions chimiques, les traitements électrolytiques, etc.

* En ce qui concerne les appellations d'emploi, c'est celle de plaqueur qui est la plus utilisée dans les entreprises; on retrouve parfois d'autres appellations telles que « opérateur de ligne de traitement » ou « opérateur d'équipement de placage ». Les appellations utilisées sont parfois tributaires du type de dépôt (chromeur, nickeleur...) ou du type de procédé (anodiseur, métalliseur...). Les spécialistes de la profession estiment qu'il serait préférable, à l'avenir, d'utiliser l'appellation « Opérateur en traitement de surface ». (source : CSMOFMI)

Avant de plonger les pièces dans le bain d'électrolyse, l'opérateur en traitement de surface s'est assuré qu'elles ont bien été nettoyées. C'est primordial pour la réussite du traitement.

Placages courants

- Les médailles d'or olympiques ne sont pas faites en or. Elles sont en argent plaqué d'**or.** Les bijoux et les trophées aussi sont souvent plaqués d'or.
- Le fer blanc est en fait du fer recouvert d'**étain** pour éviter son oxydation.

- Le **chrome** qui recouvre les enjoliveurs, les pare-chocs et d'autres pièces des voitures anciennes et modernes permet d'éviter la rouille, mais, avouons-le, donne aussi tout un style !
- La vaisselle et les ustensiles peuvent être plaqués d'**argent.** Leur coût de revient est plus bas que s'ils étaient en argent massif, et le fini est tout aussi chic.

- L'acier galvanisé est un acier recouvert de **zinc** par des galvaniseurs. Il devient ainsi résistant à la rouille et on en fait des clous, des tuyaux de cheminée, des chaudrons, des bassines, des madriers de charpente, etc.
- Le placage est également utilisé dans le domaine industriel, notamment en aérospatiale et en électronique.

La méthode des traitements électrolytiques est relativement simple. Dans une cuve assez grande pour recevoir l'objet à plaquer, des opérateurs d'équipement de placage versent une solution qui conduit bien l'électricité. On branche une source d'électricité à deux objets métalliques, qu'on appelle « électrodes ». L'une des électrodes est en fait l'objet lui-même, alors que l'autre est une barre du métal dont on veut recouvrir l'objet. Lorsque le courant est activé, le flux des électrons est forcé de la barre de métal vers l'objet à plaquer. L'objet se trouve alors chargé négativement. Pour rétablir l'équilibre, les atomes du métal qui se trouvent dans la solution, à qui il manque un ou plusieurs électrons, viennent se coller sur l'objet et s'y redéposent en métal pur. La couche peut être aussi fine que 0,5 micron (voir **Disque compact**).

Le galvaniseur plonge quelques pièces dans un bain de zinc.

LE MOT DE LA FIN !

Le mariage entre la chimie et la physique de l'énergie et de l'atome permet des choses étonnantes, qu'on aurait qualifiées de magiques il y a à peine plus d'un siècle. Découvre-le toi-même : dans un petit verre rempli de vinaigre, place une pièce de un cent (d'avant 1988, année où on a réduit la teneur en cuivre de ce type de monnaie) et un trombone. Après quelques jours, le trombone aura une belle couleur cuivrée : c'est un placage facile à faire !

Dans l'industrie, les procédés d'électrochimie sont plus poussés et plus exigeants en énergie, mais le principe est le même : les échanges d'électrons, naturels ou forcés, permettent aussi bien de donner un fini coloré aux piquets de tente en aluminium que de fournir de l'oxygène aux astronautes en orbite.

Métiers et professions

L'ÉLECTROCHIMIE

Ils évoluent en périphérie des électrons !

DERRIÈRE CHAQUE

DISQUE COMPACT

IL Y A...

Une innovation scientifique :

Le laser

P. 20 et 21

Des applications variées du laser

La chirurgie oculaire...

P. 22 et 23

Le découpage industriel...

P. 24 et 25

L'épilation au laser...

Page 26 et 27

Le disque compact

Des millions de petits trous d'information...

« Ton disque préféré commence à sauter? Pourtant, les fabricants nous assuraient qu'un disque compact était inusable! En fait, il pourrait être lu à l'infini sans jamais s'user, si seule la lumière dans ton lecteur l'effleurait. Malheureusement, chaque fois que tu le manipules, tu endommages un peu sa surface. À la longue, des rayures apparaissent. Comme la lecture d'un CD requiert une technologie extrêmement précise, le disque se met alors à sauter... »

© Caroline Durocher

L'infographe en préimpression doit notamment s'assurer que les teintes qui apparaîtront sur le CD imprimé seront identiques à celles choisies par le client.

Un disque compact, ou CD, de l'anglais *compact disc*, est une galette de polycarbonate de 120 mm de diamètre et de 1,2 mm d'épaisseur. Elle est recouverte d'une fine couche d'aluminium et d'une laque protectrice. C'est sur cette laque que les illustrations de ton groupe favori seront imprimées. Avant de démarrer les presses, les **infographes en préimpression** s'assurent que tous les éléments graphiques sont bien en place.

Dans le polycarbonate, de l'autre côté du disque, de petites alvéoles sont moulées le long d'une piste en spirale qui part du centre du disque. Comme ces trous sont minuscules et que les pistes sont très rapprochées, la spirale fait 19 500 tours ! Chaque alvéole fait environ 0,3 **micron** de large et l'espace entre les pistes est de 1,6 micron. Un lecteur de CD est donc un appareil de très haute précision, comme le savent très bien les **réparateurs à la production d'appareils électroniques**.

Un **micron**, ou micromètre, c'est un millième de millimètre. Un cheveu fait 80 microns d'épaisseur.

UN PEU D'HISTOIRE...

1953 – En Allemagne, des **techniciens en procédés chimiques** des laboratoires Bayer (les fabricants de l'aspirine) découvrent le polycarbonate, une matière plastique très résistante aux chocs et à la chaleur.

1960 – Un **physicien** américain obtient les premières émissions laser en appliquant des théories émises par Albert Einstein plus de 45 ans plus tôt. C'est alors une invention sans application pratique.

1979 – La grande transparence du polycarbonate et la précision des lasers permettent aux **ingénieurs en optique** des firmes Philips et Sony d'inventer conjointement le disque compact.

1995 – La technologie permet d'augmenter la quantité de données par surface (la quantité d'information est multipliée par 6,7) et de créer le *Digital Versatile Disc*, ou DVD.

L'influence de Beethoven!

Un disque compact normal a un diamètre de 120 mm, ce qui permet d'enregistrer 74 minutes de musique. Ces dimensions auraient été choisies pour que la version la plus lente de la 9e symphonie de Beethoven puisse tenir sur un seul CD. Ceci à la demande d'Herbert von Karajan, chef d'orchestre autrichien, qui dirigeait cette symphonie en ce temps précis !

Dans les usines de disques compacts, le travail des **techniciens en prégravure et en gravure** permet d'enregistrer l'information dans la succession des alvéoles et cette information peut être déchiffrée grâce à la lumière d'un laser. Dans ton lecteur, un faisceau laser très fin est envoyé sur le disque et est réfléchi par sa surface pour être analysé par un capteur. La lumière réfléchie est plus faible au niveau des alvéoles. Tant que l'intensité lumineuse est constante, le capteur enregistre des 0. Lorsque l'intensité est modifiée, en entrant ou en sortant d'une alvéole, le capteur enregistre un 1. Des 0 et des 1, le lecteur en perçoit 44 100 chaque seconde ! C'est la succession des 0 et des 1, qu'on appelle le « langage binaire » (voir **Données numériques**), qui permet de reconstituer l'information numérique qu'un ordinateur convertit en impulsions électriques et que des haut-parleurs transforment en musique pour le plaisir de tes oreilles.

© Zanin Inc.

La matrice est envoyée au service du pressage.

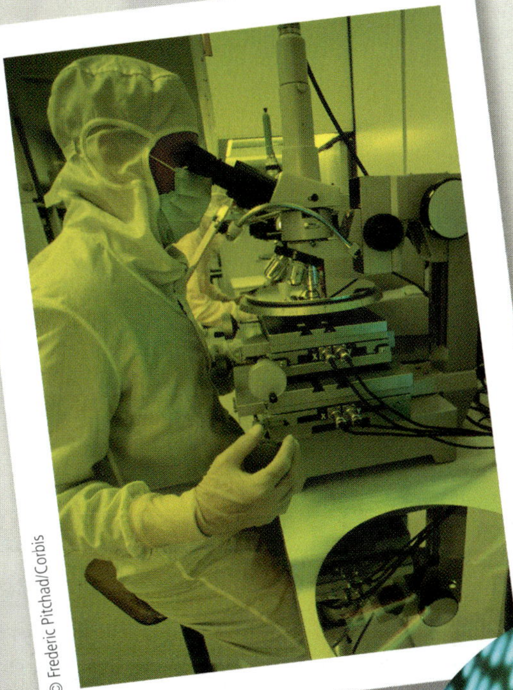

© Frederic Pitchad/Corbis

Le technicien en prégravure et en gravure compare, bit par bit, le contenu du maître disque par rapport au support numérique original.

Toujours plus de données !

Disque	Année	Capacité actuelle	Capacité future	Équivalent
CD (*Compact Disc*)	1979	700 Mo ou 0,7 Go		2 dictionnaires
DVD (*Digital Versatile Disc*)	1995	4,7 Go		15 dictionnaires
HD-DVD (*High Density DVD*)	2006	15 Go	51 Go (3 couches de 17 GO)	147 dictionnaires
Blu-Ray Disc (lecteur laser bleu)	2006	25 GO	200 Go (8 couches de 25 GO)	650 dictionnaires
HVD (*Holographic Versatile Disc*)	2008	300 Go	3900 Go	12 700 dictionnaires ! (empilés = 2 fois la tour du CN !)
Mo = Mégaoctet	*Go = Gigaoctet*			

LE LASER

Puissante lumière !

Le mot « laser » est l'acronyme de *Light Amplification by Stimulated Emission of Radiation* (en français : amplification de la lumière par émission stimulée de radiations). Comme un amplificateur de guitare, qui augmente l'intensité d'un signal électrique, le laser augmente l'intensité de la lumière qu'il reçoit et la réémet.

Le **physicien** aligne le faisceau d'un laser.

© Centre d'optique, photonique et laser (COPL)

Contrairement au faisceau d'une lampe de poche, qui produit un large cône de lumière, un rayon laser est un faisceau lumineux très droit qui peut voyager sur de très grandes distances.

Mais qu'est-ce que la lumière ? Un peu comme les petites vagues circulaires qui se répandent dans l'eau lorsqu'on y lance une pierre, la lumière est une onde qui se propage. Les **chercheurs en optique** ont toutefois rapidement découvert, que cette onde ne déformait pas le milieu physique comme les vagues déforment l'eau : elle cause plutôt une perturbation des champs magnétique et électrique qui nous entourent. C'est pourquoi on dit que la lumière est une onde électromagnétique.

En 1905, le grand **physicien** d'origine allemande Albert Einstein a proposé une nouvelle façon de « voir » la lumière. Selon ses théories, l'énergie de la lumière n'est pas une vague continue, mais elle est plutôt rassemblée en petits paquets appelés « photons » (du grec *phôtos,* lumière). Un peu comme l'eau qui sort du robinet et qui semble continue, mais qui est en fait une multitude de petites molécules. Cette théorie a révolutionné notre perception du monde.

Einstein s'est aussi intéressé à la matière, et particulièrement aux atomes. Les atomes sont la matière première de l'Univers. Tout ce qui nous entoure, y compris nous-mêmes, est constitué d'atomes, mais ces atomes sont trop petits pour qu'on puisse les voir. Un atome ressemble à un système solaire miniature : il y a un noyau au centre et un nuage d'électrons qui tournent autour.

En 1917, Einstein a prédit que si l'on augmentait l'énergie d'un atome ①, il atteindrait un état d'excitation ②. En revenant à son état normal ③, il émettrait son trop-plein d'énergie sous forme d'un photon, soit un petit paquet de lumière. Le **physicien** a aussi prédit que si un atome déjà excité était frappé par un photon d'une certaine énergie, un photon identique (même direction, même couleur) serait émis par l'atome, qui retrouverait alors son état stable. Toutes ces idées allaient permettre la mise au point des premiers lasers, plusieurs dizaines d'années plus tard, par des **ingénieurs physiciens**.

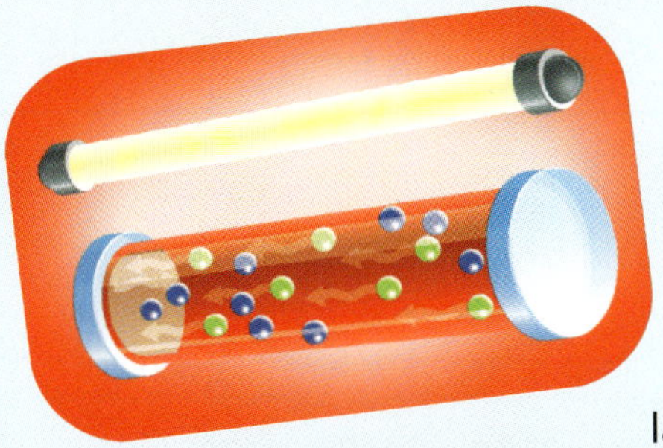

À l'intérieur d'un laser standard se trouve une cavité cylindrique dotée d'un miroir à chacune de ses deux extremités. L'un de ces miroirs est semi-réfléchissant, c'est-à-dire qu'il peut laisser passer un peu de lumière lorsqu'elle arrive parfaitement à angle droit, mais qu'il en réfléchit également une partie. La cavité est remplie d'une substance qui varie selon le type de laser et qui peut être solide, liquide ou gazeuse : c'est le milieu amplificateur. Dans le cas du laser commun qui produit de la lumière rouge, il contient un mélange de deux gaz, l'hélium et le néon.

Quand on actionne un laser, un mécanisme de pompage énergétique est activé autour du cylindre : il peut s'agir de flashes lumineux, de décharges électriques, etc. Les atomes du milieu amplificateur s'excitent alors, puis émettent des photons dans tous les sens. Certains de ces photons sortent par les côtés du cylindre, mais d'autres rencontrent un atome excité. Celui-ci émet alors un photon identique au premier, selon le principe prédit par Einstein. Ces photons, en frappant d'autres atomes, produisent à leur tour d'autres photons identiques. La réaction en chaîne est alors amorcée et la lumière s'amplifie.

Au début du processus, les photons partent dans toutes les directions et plusieurs se perdent à l'extérieur. Les photons qui voyagent dans le sens du cylindre sont réfléchis par les deux miroirs. Après un petit moment (imperceptible pour nous), tous les photons font l'aller-retour dans le sens du cylindre et la lumière s'amplifie lors de chaque passage. Comme l'un des miroirs est semi-réfléchissant, une partie des photons le traversent et sortent en ligne très droite. C'est le rayon laser qu'on peut voir à l'extérieur. Des équipes de recherche, composées notamment de technologues en photonique s'emploient à améliorer chaque nouvelle génération de laser.

La lumière des lasers est donc spéciale sous plusieurs aspects. Comme tous les photons sont identiques, la lumière produite est d'une couleur très pure. Puisque seuls les photons qui ont exactement une trajectoire orientée dans le sens du cylindre peuvent en sortir, le rayon obtenu est très directif, c'est-à-dire qu'il ne diverge pas comme le faisceau d'une lampe de poche.

Cette couleur pure et cette précision permettent de graver et de lire les données sur un disque optique comme le CD. De plus, selon les propriétés de l'appareil, l'amplification de la lumière peut atteindre des niveaux très élevés et produire un rayon très puissant. Toutes ces propriétés du laser en font un outil précieux dans plusieurs domaines.

La technologue en photonique supervise l'injection de la lumière dans une fibre.

Des applications variées

LA CHIRURGIE OCULAIRE

LE DÉCOUPAGE INDUSTRIEL

L'ÉPILATION AU LASER

ATTENTION AUX YEUX !

Les pointeurs laser rouges utilisés lors de conférences, ou encore les niveaux laser utilisés en construction sont de petits lasers à part entière. Bien qu'ils soient de très faible puissance, ce sont des lasers ; il ne faut donc pas les pointer dans les yeux, car la rétine au fond de l'œil est extrêmement sensible. On risque alors d'en brûler les cellules et de nuire à la vision...

LA CHIRURGIE OCULAIRE

Plus besoin de lunettes grâce au laser!

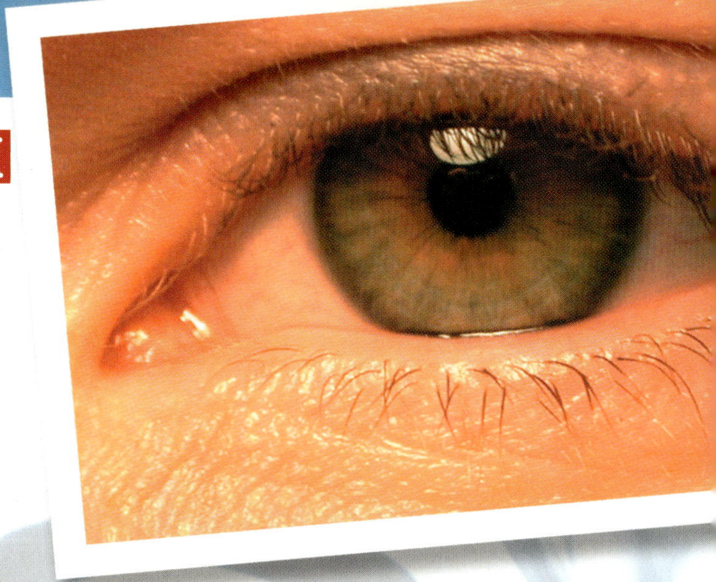

« Hier, au retour de l'école, tu as croisé ton oncle Jérôme qui te semblait un peu différent. Ses cheveux? Son bronzage? Ça y est! Ses lunettes! Il ne les a plus! Et il t'apprend avec un grand sourire qu'il n'en a plus besoin, puisqu'il a fait opérer ses yeux et que sa myopie a disparu. Lui qui détestait tant faire du ski avec ses lunettes, il est aux anges. »

© Cramen Martinez, istock

L'optométriste utilise divers appareils afin de procéder à un examen de la vue. Les résultats obtenus détermineront si son client a besoin ou non de lunettes.

L'intérieur d'un œil, c'est un peu comme une salle de cinéma: une lumière pénètre dans la salle et atteint un écran où l'image se forme. Pour que l'image soit bien nette sur l'écran, il faut que les lentilles soient parfaitement ajustées pour faire la mise au point à la bonne distance. C'est la même chose pour ton œil, au fond duquel les images se forment sur la rétine. Le cristallin, au centre de ton iris, est une lentille naturelle, qui peut s'ajuster pour obtenir une image nette.

Malheureusement, ce système fait parfois défaut. Sur la rétine, l'image peut être floue si l'œil est un peu trop long (myopie) ou un peu trop court (hypermétropie). Les optométristes proposent d'ajouter une lentille bien précise devant l'œil pour corriger le défaut, d'où tous ces gens qui doivent se procurer des lunettes chez les opticiens d'ordonnance. Les lentilles sont taillées avec précision par les techniciens de laboratoire de lentilles.

© Laboratoire OPTIQUE CRISTAL

© Laboratoire OPTIQUE CRISTAL

La technicienne de laboratoire de lentilles, avant de pouvoir fixer les verres à la monture de lunettes, doit procéder à l'ajustement, à la taille et au polissage.

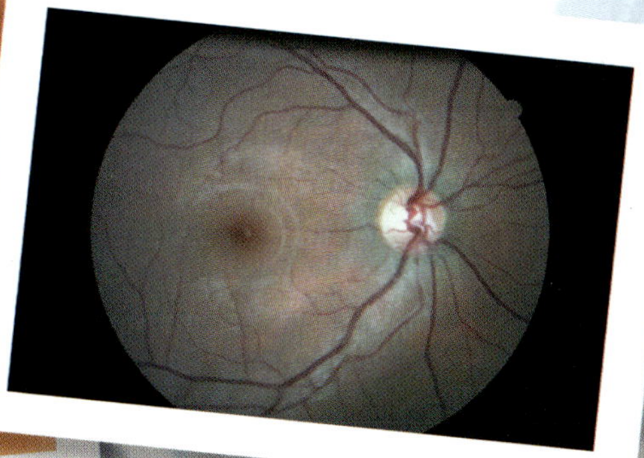

Grâce au laser, la médecine peut maintenant corriger la forme de la cornée de l'œil et rendre la vision nette à ceux qui ne l'ont plus. Le LASIK (*Laser Assisted Intra-Stromal Kératomileusis*) est une forme de chirurgie de l'œil. Assistés par des **infirmiers en chirurgie**, les **ophtalmologistes**, à l'aide d'un instrument extrêmement précis, appelé « microkératome », découpent un mince lambeau de tissu cornéen sur l'œil anesthésié du patient, un peu comme on ouvre une boîte de conserve. Le lambeau est soulevé doucement, tout en demeurant attaché à la cornée.

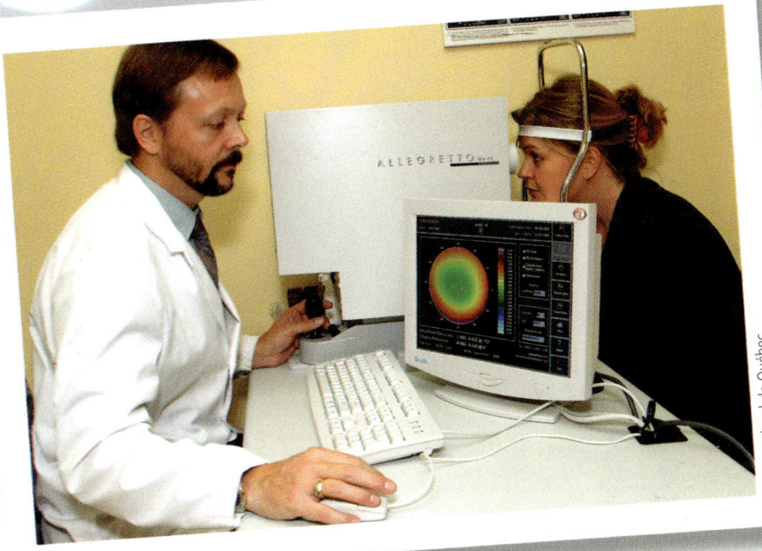

© Laser visuel de Québec

L'**ophtalmologiste** photographie la cornée de la patiente qui subira une chirurgie oculaire.

Un laser très précis est ensuite utilisé pour sculpter la cornée et lui redonner la bonne courbure. La quantité de tissu à retirer est calculée avant l'intervention, en fonction de l'intensité de la myopie. L'opération dure à peine quelques minutes.

Une fois cette étape terminée, le lambeau est replacé et, quelques minutes plus tard, il est déjà maintenu en place par les liquides naturels de l'œil et par sa cicatrisation très rapide. Généralement, après quelques heures, le revêtement extérieur de la cornée commence à recouvrir le bord de coupe du lambeau pour le sceller.

Le LASIK peut être employé pour corriger la myopie, l'hypermétropie et l'astigmatisme. La myopie se rectifie en diminuant la courbure centrale de la cornée. L'hypermétropie, soit l'anomalie visuelle inverse, se corrige en sculptant la périphérie de la cornée pour lui donner plus de courbure.

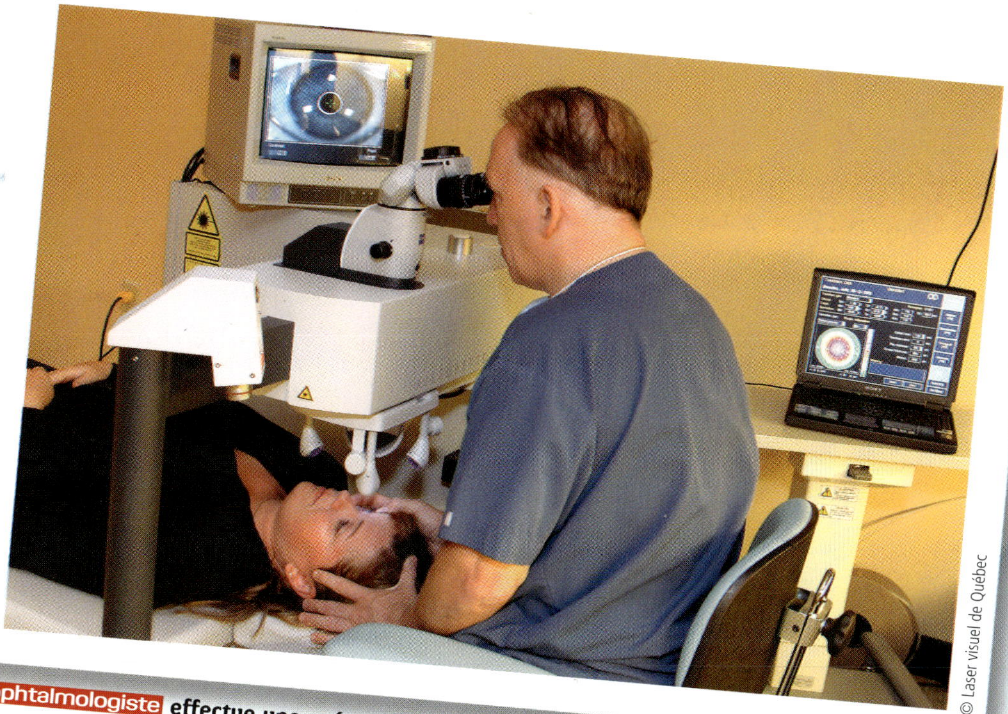

© Laser visuel de Québec

L'**ophtalmologiste** effectue une opération de correction de la vue à l'aide du laser.

LE DÉCOUPAGE INDUSTRIEL

Presque aussi puissant que les fusils au laser d'Hollywood !

« Tu t'offres une soirée de comédie au cinéma avec ta copine. Le film se passe dans une université où des étudiants fabriquent un puissant laser qui fait de gros trous dans les murs et dans les statues du campus. Vous vous demandez si c'est réellement possible... »

L'énergie produite par certains lasers peut être assez puissante pour découper ou faire fondre des matériaux très durs, comme l'acier. C'est le cas, par exemple, des lasers au grenat d'yttrium et d'aluminium, qui émettent dans l'infrarouge des faisceaux d'énergie de l'ordre du gigawatt, la puissance de 10 millions d'ampoules de 100 watts concentrée dans un seul rayon !

Grâce à des lentilles, les **tôliers** peuvent pointer avec précision leur laser sur une pièce à tailler. Le rayon chauffe alors suffisamment le matériau pour le faire fondre ou le faire brûler. En faisant fondre un point précis et en déplaçant le laser, on arrive à découper la pièce, comme avec un couteau géant.

Le découpage laser est utilisé dans l'industrie depuis les années 1980. Le découpage traditionnel du métal par poinçonnage ressemble à l'action d'un pâtissier qui découpe sa pâte à biscuit avec un emporte-pièce. Mais cette technique a ses limites : la forme métallique obtenue ne peut être que celle de l'outil utilisé. Le découpage laser permet de faire varier la forme découpée à volonté, selon la programmation effectuée par des **programmeurs de machines-outils à commande numérique**. Les performances du découpage laser sont en constante évolution : diversification des matériaux métalliques (aciers, alliages d'aluminium...) et augmentation de l'épaisseur de la tôle à découper, jusqu'à plusieurs centimètres.

© Dainis Derics, istock

Le **programmeur de machines-outils à commande numérique** programme l'appareil au laser.

De la même façon, les **soudeurs-monteurs** peuvent souder ensemble des pièces métalliques en les faisant fondre aux points où elles se touchent. Les équipements conçus par les **ingénieurs mécaniciens** et les **technologues en génie mécanique** pour assembler des pièces métalliques à l'aide du laser sont contrôlés par des **technologues-soudeurs**. Les **techniciens métallurgistes au contrôle de la qualité** analysent ensuite les soudures réalisées pour détecter tout défaut ou proposer des avenues d'optimisation. Le soudage au laser est une technique très rapide. Les lasers mécanisés et programmés se déplacent prestement au-dessus de l'objet et ne s'arrêtent que quelques fractions de seconde aux endroits à souder, en laissant des soudures presque invisibles.

Les lasers permettent de souder rapidement et précisément non seulement des métaux (acier, aluminium, titane, etc.), mais aussi plusieurs plastiques. Idéal dans un environnement industriel bien contrôlé, le laser ne remplacera toutefois jamais les **soudeurs** et les **aides-soudeurs** sur le terrain pour des réparations précises dans des endroits difficiles.

© Jacques Pharand

À l'extérieur des usines, la soudeuse utilise encore le soudage à l'arc.

LE RAYON DE LA MORT...

Avant l'avènement des premiers lasers, de nombreux scientifiques ont cherché à mettre au point un « rayon de la mort », une arme de guerre absolue qui permettrait de pulvériser l'adversaire à distance. Nikola Tesla (1889-1941), **ingénieur électricien** serbe, a fait de très nombreux travaux sur l'électricité, mais on se souvient également de lui pour ses recherches dans ce domaine. Les premiers lasers ont éveillé la possibilité de faire passer le rayon de la mort de la fiction à la réalité.

Même si des tentatives ont été faites dans ce domaine, l'énergie importante que nécessite un tel laser ne permet pas d'en faire une arme portative très pratique. Heureusement, on a plutôt orienté les travaux sur les utilisations industrielles de la puissance des lasers. Les fusils au laser resteront donc l'apanage d'Hollywood.

L'ÉPILATION AU LASER

Un laser au secours des poilus...

« Il n'y a pas si longtemps, tu te demandais s'il te pousserait un jour des poils comme il en pousse à tous les jeunes de ton âge... Maintenant, tu te demandes s'il va cesser d'en apparaître ! De crainte de ressembler à un ours, tu prends rendez-vous à la clinique d'esthétique pour comparer les différentes options. C'est la guerre aux poils ! »

Avec la puberté, vient un caractère sexuel secondaire parfois redouté des femmes : la présence de poils ! Arracher les poils indésirables n'est qu'une solution temporaire, car ils repoussent toujours, et ils repoussent parfois plus forts... Des méthodes d'épilation définitive, comme l'épilation au laser, existent cependant.

L'énergie d'un laser peut être utilisée pour détruire les cellules de la peau qui produisent les poils. L'épilation au laser a été réalisée à titre expérimental dans les années 1970, environ 20 ans avant les premiers actes commerciaux. Au départ, elle était pratiquée principalement par les **dermatologues**, les spécialistes de la peau, mais elle s'est rapidement répandue dans les cliniques d'esthétique.

© M. Fermariello/SPL/PUBLIPHOTO

Le **dermatologue** utilise également le laser pour retirer les grains de beauté qui présentent un risque de développer un cancer.

Le principe de base de l'épilation au laser est la « thermolyse sélective », c'est-à-dire la destruction par la chaleur de structures bien précises. Dans notre peau, les cellules qui produisent les poils produisent aussi la mélanine, un pigment très foncé qui donne sa couleur aux poils (et aussi à la peau, aux grains de beauté, aux yeux, etc.). Ces cellules sont donc plus foncées que les autres qui les entourent et cette différence peut être exploitée pour l'épilation.

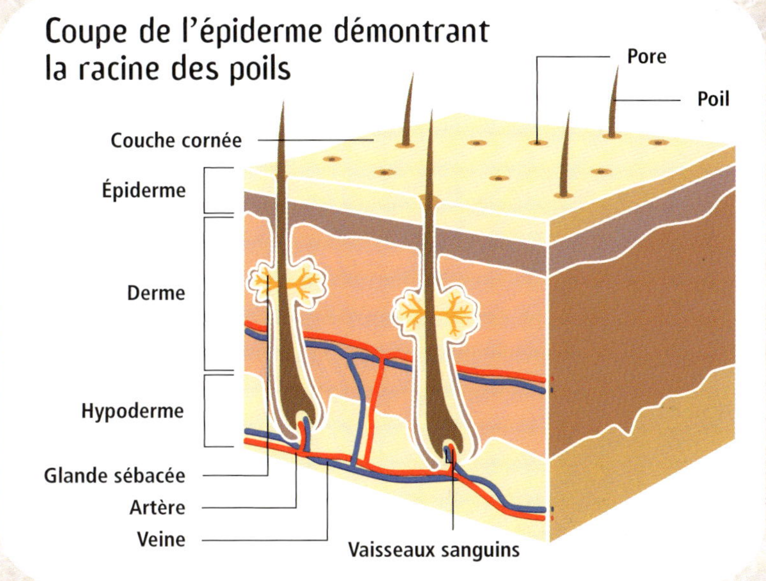

Lorsqu'une lumière laser pénètre la peau, elle est seulement absorbée par les cellules foncées. Celles-ci sont alors chauffées et meurent. Une fois mortes, elles ne peuvent plus produire de poils. Le laser cause donc des dommages localisés en brûlant les zones noires sans brûler le reste de la peau. Le défi des **technologues en production optique** est de fabriquer des lasers qui fournissent toujours exactement la bonne longueur d'onde et la bonne intensité lumineuse.

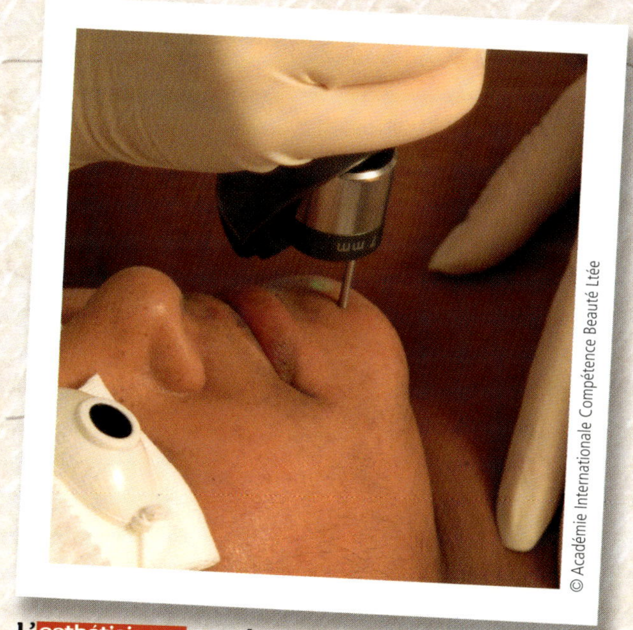

© Académie Internationale Compétence Beauté Ltée

L'esthéticienne prend soin de protéger les yeux de la cliente avant de procéder à l'épilation au laser.

Les autres zones sombres de la peau, comme celles des grains de beauté, peuvent aussi êtres détruites, d'où l'importance d'agir prudemment lors des séances d'épilation au laser. Pour cette raison, les gens à la peau très foncée ne peuvent pas profiter de cette méthode.

Aussi, moins les poils contiennent de mélanine, moins le laser est efficace. C'est pourquoi les personnes aux cheveux gris, roux ou blonds ne sont pas de très bons sujets pour ce type d'épilation.

Les personnes à la peau très pâle et aux poils très foncés, par contre, obtiennent les résultats les plus satisfaisants. Après moins de 10 séances, les poils ne repoussent plus, car les cellules qui les produisent ont été détruites. Pour des raisons encore mystérieuses cependant, quelques-unes de ces personnes ne répondent pas à cette épilation et leurs poils continuent de croître. C'est tout un défi pour les scientifiques !

LE MOT DE LA FIN !

Que ce soit pour des effets spéciaux dans les spectacles des vedettes de rock ou pour scanner le prix des aliments au comptoir de l'épicerie, le laser a des applications très diverses. Sa lumière est forte, concentrée et très linéaire, ce qui permet des actions très précises, comme lire un disque compact ou mesurer la distance entre la Terre et la Lune !

Le Québec développe un savoir-faire unique en optique et en photonique. En plus des entreprises privées qui embauchent beaucoup, trois centres de recherche, tous situés à Québec, sont des meneurs mondiaux dans ce domaine en ébullition. Il s'agit du Centre de recherche pour la défense de Valcartier (CRDV), de l'Institut national d'optique (INO) et du Centre d'optique, photonique et laser (COPL) de l'Université Laval.

Métiers et professions

LE LASER

Ils connaissent la puissance de la lumière !

DERRIÈRE CHAQUE

GUITARE

IL Y A...

Une innovation scientifique :

La transformation du bois

P. 32 et 33

Les bois sous différentes formes

La guitare

Du bois qui chante!

« En transportant ta guitare chez un ami par une soirée d'hiver, elle s'est désaccordée et tu peines à lui redonner le bon ton! Même après avoir commencé à jouer, tu dois t'arrêter de temps à autre pour l'accorder de nouveau. Visiblement, les écarts de température, ça fait «travailler» les cordes et le bois! »

La guitare est un instrument d'une grande précision. Pour qu'elle sonne juste de toutes ses cordes, il faut que son fabricant ait pris soin de bien choisir le bois, de bien tailler toutes les pièces, de bien les assembler, et ce, en utilisant des colles adéquates.

Le travail de la **luthière** exige minutie et patience.

On appelle **luthiers** ceux qui fabriquent et réparent les guitares, les violons, les contrebasses et les autres instruments à cordes pincées et frottées. Le travail des artisans commence par le choix des bois employés, desquels dépendront la qualité sonore et l'esthétique de l'instrument. Idéalement, on utilise des bois massifs et durs qui transmettent mieux le son et qui vieillissent sans mauvaise surprise.

Pour la table (le «dessus» de la guitare), l'épinette conférera un fini brillant, mais le cèdre donnera un son plus doux. Pour les éclisses (les côtés) et le fond, on utilise l'acajou, le palissandre ou l'érable.

L'assemblage du manche sur le corps est un exemple de la minutie nécessaire à la fabrication d'une guitare. Pour une guitare acoustique, le manche doit être extrêmement solide, car les cordes métalliques, une fois tendues, exercent une très forte traction. On utilise donc des colles puissantes, élaborées par des **technologues en chimie**, et on insère à l'intérieur du manche une tige de maintien en acier pour le renforcer.

La touche finale! Le luthier se charge lui-même de l'application du vernis.

Le technologue en chimie élabore une recette de colle destinée au marché des ateliers de lutherie.

Les guitares électriques ont parfois un manche fixé au dos de la guitare par des vis, mais, si elles sont moins chères à produire, ces guitares ont un son un peu altéré. Pour cette raison, la technique du manche collé est plus utilisée sur les modèles haut de gamme.

L'essentiel du travail de l'acousticien vise à réduire les nuisances sonores.

Le son produit par une guitare acoustique dépend aussi de la nature de ses cordes. Elles peuvent être métalliques ou en nylon sur les modèles classiques (avant la découverte de cette fibre synthétique, elles étaient faites de boyaux de mouton). La table est mise en vibration par les cordes parce qu'elles y sont directement attachées. La vibration de la table est ensuite amplifiée par la caisse de résonance et sort par la rosace, ou bouche. Les courbes dans les éclisses sont obtenues en appliquant le bois sur un cylindre chauffé jusqu'à l'obtention de la bonne courbure. Quelques fabricants de renommée font appel à des acousticiens spécialisés en recherche, et à leurs savants calculs physiques pour « prédire » l'effet global de telle ou telle conception de l'instrument sur le rayonnement sonore.

D'autres matériaux sont utilisés dans la fabrication de guitares électriques, notamment le contreplaqué de bois, la fibre de verre et la fibre de carbone. Toutefois, seul le bois permet la grande malléabilité dans le travail de précision qu'exige la conception d'une guitare.

VARIATION POUR UNE CORDE !

Pour un musicien, trois choses peuvent déterminer la hauteur du son produit par une corde : sa grosseur, sa longueur et sa tension. Pour avoir un son grave, il faut une corde longue, grosse et peu tendue. Les cordes peuvent être raccourcies instantanément en appliquant les doigts sur le manche au niveau des frettes. Plus on raccourcit la corde, plus le son est aigu. Avec seulement six cordes, une guitare acoustique standard peut donner 45 notes distinctes.

La musicienne doit pratiquer encore et encore pour maîtriser son instrument et en faire sortir les sonorités qui impressionneront son auditoire !

LA TRANSFORMATION DU BOIS

Du plant au colombage…

On fait de lui des meubles, des articles de sport, des planchers de danse, des instruments de musique, des structures de maisons, on s'en sert pour le chauffage, dans la fabrication du papier et du carton, etc. Le bois est l'une des plus vieilles matières connues de l'homme et celle dont on fait le plus d'usages différents. Utilisé autant pour sa dureté que pour sa souplesse, le bois offre un monde de possibilités.

Le bois est un tissu végétal qui joue un double rôle. Il sert d'abord au transport de la sève brute des racines vers les feuilles. Il est ensuite un tissu de soutien, qui assure la résistance des tiges et permet d'atteindre de grandes tailles : le séquoia dépasse même les 100 mètres !

© Comité sectoriel de main-d'œuvre en aménagement forestier

Oubliez la hache et la sciotte, l'opérateur de machinerie d'abattage mécanisé utilise des équipements très sophistiqués !

Comme nous l'apprennent les technologues en transformation des produits forestiers, la structure du bois est composée de 40 à 50 %, de cellulose, un sucre, de 20 à 30 % de lignine, une protéine, et de 15 à 25 % d'hémicellulose, un liant entre la cellulose et la lignine.

Le bois contient aussi un faible pourcentage d'éléments minéraux (de 1 à 2 %) et une part variable d'humidité. Les bois les plus durs sont souvent ceux qui ont le plus bas taux d'humidité naturelle.

Au Québec, on exploite la forêt surtout pour le bois d'œuvre et la pâte à papier. Notre province dispose d'un territoire riche en forêts de conifères, une ressource abondante et renouvelable. La forêt couvre 49 % du territoire québécois, soit 760 000 km^2, ce qui équivaut à la superficie totale de la Grande-Bretagne, de l'Allemagne, des Pays-Bas, de la Suisse et de l'Autriche réunies !

En quelques décennies, le monde forestier a beaucoup changé. Le quotidien des travailleurs a été bouleversé par la technologie, la mécanisation et la recherche scientifique. Les technologues en exploitation forestière et les techniciens en sylviculture utilisent des GPS, les ingénieurs forestiers travaillent avec des logiciels de cartographie et les « bûcherons » d'autrefois, devenus des opérateurs de machinerie d'abattage mécanisé, pilotent des abatteuses à tête multifonctionnelle qui peuvent couper, ébrancher et tronçonner les arbres. Des recherches en laboratoire tentent de prévoir l'état des forêts à long terme et la façon dont elles réagiront à leur exploitation, au réchauffement planétaire et à d'autres phénomènes. La forêt peut parfois subir des épidémies d'insectes ; c'est alors au tour des techniciens en écologie appliquée de se pencher au-dessus de leur microscope et de tenter de régler les problèmes.

© Comité sectoriel de main-d'œuvre en aménagement forestier

L'ingénieur forestier planifie, en collaboration avec le technicien en sylviculture, l'aménagement de la forêt en fonction des données qu'ils recueillent sur le terrain.

Gestion de la forêt

En reboisant, l'ouvrière sylvicole assure la pérennité de la forêt.

Lorsqu'une compagnie forestière récolte du bois dans un secteur, elle ne coupe pas tous les arbres. Elle les choisit de façon à laisser notamment sur place de jeunes arbres, qui assureront la régénération de la forêt. De même, elle n'effectue aucune d'opération en bordure des cours d'eau, car les racines des arbres sains empêchent l'érosion du sol. De plus, les **opérateurs de débardeur/porteur** doivent respecter des règles lorsqu'ils circulent en forêt, afin de ne pas trop abîmer le sol.

Il est aussi parfois primordial de faire du reboisement. Chaque été, des centaines d'**ouvriers sylvicoles** se dispersent dans les forêts du Québec pour planter de nouveaux arbres là où d'autres ont été coupés ou brûlés par des incendies.

Pour les **technologues en sciences forestières** et les **ingénieurs forestiers**, gérer les forêts de façon durable signifie les exploiter d'une manière et à une intensité telles qu'elles maintiennent leur diversité biologique, leur productivité, leur capacité de régénération et leur vitalité. Elles ont des fonctions écologiques, économiques et sociales importantes, et elles doivent pouvoir les remplir longtemps !

Une fois le bois coupé...

Une fois le bois coupé, il doit être transporté, puis transformé. Que ce soit dans une usine de bois d'œuvre ou dans une papetière, il faut d'abord opérer un tri, la dimension des arbres et leur essence.

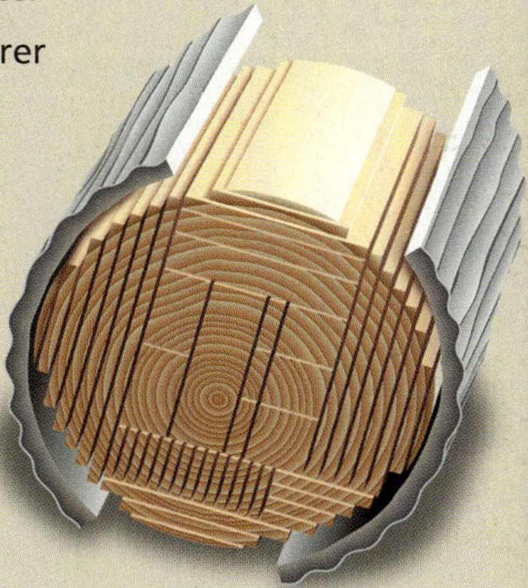

Dans le cas du bois d'œuvre, les billots sont apportés dans une scierie, où l'on tente de tirer le plus de madriers et de planches possible de chaque arbre. À cette étape, des caméras scrutent les billots durant quelques secondes et des ordinateurs analysent la façon dont il faudra couper l'arbre pour en obtenir un revenu maximal, selon la valeur marchande de chaque type de planche. En un instant, on rentabilise au maximum la ressource.

Les activités de sciage, de tranchage, de déroulage, de séchage et d'imprégnation du bois forment le secteur de la *première transformation* du bois. Ce sont, en gros, les scieries.

La *deuxième transformation* du bois regroupe les fabricants de meubles, les entreprises de fabrication de produits en bois, de charpentes, d'emballages et diverses autres industries.

Le bois sous différentes formes

LES PANNEAUX ET LE CONTREPLAQUÉ

LES PÂTES ET PAPIERS

LES MEUBLES

THERMOTRANSFORMATION VOUS DITES ?

Le bois naturel est humide et normalement, pour le sécher, des **opérateurs de séchoirs à bois** l'exposent à des températures d'une centaine de degrés Celsius. À l'Université du Québec à Chicoutimi, des **ingénieurs en sciences du bois** expérimentent la thermotransformation : ils chauffent le bois à plus de 200 °C dans des fours spéciaux, ce qui provoque des changements dans la structure du matériau. Il devient plus dur, plus résistant à la pression et aux moisissures (mais plus cassant en flexion). Bientôt dans votre cour, le patio en bois « thermotransformé » ?

LES PANNEAUX ET LE CONTREPLAQUÉ

Peler des troncs pour en faire des feuilles !

« Flips, pirouettes, *slides*, etc. Tu roules maintenant comme un pro et tu inventes même tes propres figures ! Pourtant, il n'y a pas si longtemps, c'est avec difficulté que tu faisais tes premiers ollies et ça ne levait pas très haut... C'est fou ce qu'on arrive à faire avec de l'entraînement. Et depuis qu'un parc pour planchistes est ouvert dans ton quartier, tu progresses encore plus vite. La demi-lune de contreplaqué t'offre la courbure parfaite pour t'envoler toujours plus haut. »

L'opérateur de tour de déroulage s'assure que la tension de la feuille de bois est adéquate.

© Conseil de l'industrie forestière du Québec

© Conseil de l'industrie forestière du Québec

Le contreplaqué a été le premier type de bois « réusiné » à être inventé. Les Égyptiens d'il y a 4 500 ans collaient déjà ensemble des feuilles de bois scié pour en faire des panneaux. Aujourd'hui, on fabrique le contreplaqué à une cadence industrielle. Il faut d'abord un billot de bois de bonne taille. Des **opérateurs de tour de déroulage** le soulèvent et l'appuient à l'horizontale contre une longue lame, dont le tranchant est vérifié par des **affûteurs d'outils de machines à bois**. Lorsque le billot tourne, la lame, comme un épluche-pommes, pèle alors une mince feuille de bois qui peut s'étendre sur plusieurs dizaines de mètres. La feuille obtenue peut faire aussi peu que trois millimètres d'épaisseur.

Cette mince feuille de bois est d'abord enroulée sur un cylindre avant d'être dirigée vers le séchoir, où elle sera découpée en pièces. On bouchera ensuite les trous causés par les nœuds et les imperfections afin de récupérer le maximum de matière. L'étape suivante consiste à empiler les pièces en modifiant la direction du grain du bois de 90° à chaque couche. Finalement, les couches sont collées sous pression et température élevées à l'aide d'un adhésif très fort, habituellement une résine de formaldéhyde. Le mélange de feuilles de bois-résine fait du contreplaqué ce qu'on appelle un **matériau composite**.

Le **matériau composite** est un assemblage très résistant de plusieurs composants élémentaires dont l'association confère des propriétés que ne possède aucun des composants pris séparément.

© Faculté de foresterie et de géomatique, Université Laval

L'ingénieur du bois contrôle la qualité du panneau.

Les scieries produisent beaucoup de sciures, de copeaux et de particules auxquels les ingénieurs du bois réussissent à donner une valeur commerciale. Un peu comme pour le contreplaqué, on peut réunir ces résidus de bois avec une colle pour en faire des panneaux qui peuvent être recouvert d'une matrice de cire et de polymère (la mélamine). Dans la vie courante, le mot « mélamine » désigne un de ces types de panneaux que les ébénistes utilisent pour fabriquer les armoires de cuisine conçues par les dessinateurs-modélistes de meubles et les techniciens en design industriel. Plus les particules de bois sont petites, plus le panneau obtenu sera compact et de grande densité.

© Vasco Miokovic, istock

À l'aide de logiciels, le dessinateur-modéliste de meubles conçoit les dessins techniques des meubles... qu'il retouche parfois au crayon !

Pour obtenir un fini plus esthétique, on recouvre parfois ces panneaux d'une feuille de bois fin (comme celui qui sert dans l'assemblage du contreplaqué) ou d'une matière synthétique pour faire, par exemple, les comptoirs de cuisine.

La merveille de bois

Durant la Seconde mondiale, l'avion de combat *Mosquito*, de la compagnie britannique de Havilland, était surnommé le *Wooden Wonder*, la « merveille de bois ». Avec sa structure en contreplaqué à haute résistance, c'était un bombardier rapide et léger.

LES PÂTES ET PAPIERS

L'arbre est dans les feuilles... de papier !

« Le réveil est pénible ce matin. Encore somnolent, les yeux perdus dans les couleurs de ta boîte de céréales en carton, tu renverses ton verre de jus sur la table. Un bout d'essuie-tout et hop ! ça ne paraît plus. Dans l'autobus, tu feuillettes ton magazine préféré. La journée commence par le cours de français et, comme à son habitude, le lundi, le professeur vous fait faire une dictée. As-tu remarqué comme le papier est omniprésent dans ta vie ? Et la journée commence à peine ! »

© Conseil de l'industrie forestière du Québec

De la pulpe au papier, l'opérateur d'unités de production supervise toutes les étapes de fabrication.

Dans toute matière végétale, on trouve une substance fibreuse : la cellulose. Ce composé organique peut être isolé par des réactions chimiques. Même si les procédés sont constamment améliorés par les **techniciens en pâtes et papiers**, la recette de base est la même depuis quelques décennies.

Sous le regard averti des **opérateurs d'unités de production** se déroulent les nombreuses étapes de transformation. Les arbres, une fois qu'on leur a enlevé leur écorce, se font d'abord défibrer, c'est-à-dire qu'on les « râpe » à l'aide d'une meule. L'ajout de beaucoup d'eau et le passage dans plusieurs bains successifs, controlé par les **conducteurs de lessiveur en continu**, nettoient les fibres et les transforment en pâte.

L'un de ces bains vise à éliminer la lignine qui se trouve naturellement dans le bois. Si elle demeurait dans le mélange, le papier obtenu jaunirait très rapidement. C'est pourquoi a lieu l'étape du blanchiment, accomplie par les **opérateurs de blanchisseuse à papier**, qui nécessite du chlore, un produit chimique polluant. Heureusement, grâce au travail des **techniciens en recherche et développement**, la recherche a permis de faire des progrès importants, aussi des substances performantes, mais moins polluantes, comme le peroxyde d'hydrogène et l'azote, commencent à remplacer le chlore.

DIX FOIS PLUTÔT QU'UNE !

Lorsqu'on conçoit la pâte à papier, on peut très bien y inclure du papier qui a déjà servi, après l'avoir désencré et déchiqueté. C'est l'art du recyclage du papier. Le papier peut être recyclé jusqu'à 10 fois sans que sa qualité s'en trouve altérée.

Puis, interviennent les **lessiveurs de pâte écrue**, qui commandent la machine conçue pour filtrer la pâte. Une fois la pâte de cellulose bien uniforme, on lui ajoute un liant. À ce stade, elle est très diluée, constituée d'eau à près de 99 %. On l'étend alors sur de grands tamis de feutre roulants. À mesure qu'elle progresse, l'eau s'égoutte et la feuille commence à prendre forme. On la presse ensuite entre deux grands cylindres pour évacuer le plus d'eau possible. À la sortie des presses, la feuille contient encore 60 % d'eau, mais elle est suffisamment solide pour quitter le tamis et entrer directement en contact avec les sécheurs : ce sont de gros cylindres chauffants, qui permettent l'évaporation de l'eau. Ici, c'est le domaine des **conducteurs de machine à papier**.

© Conseil de l'industrie forestière du Québec

Le conducteur de machine à papier jette un coup d'œil satisfait au résultat de son travail.

Dans une papeterie moderne, les **opérateurs de machines en usine de pâtes et papiers** produisent des feuilles d'une dizaine de mètres de largeur et le papier est produit à plus de 100 km/h ! Il est ensuite est enroulé sur d'énormes rouleaux, qui peuvent peser des dizaines de tonnes et qui sont vérifiés par des **techniciens en contrôle de la qualité**.

© Photo Jacques Pharand

L'opératrice de machines en usine de pâtes et papiers pousse des rouleaux de 500 kilos à l'aide d'un pont roulant.

UN PAPIER QUI NE BRÛLE PAS!

Pour modifier les propriétés du papier, on ajoute parfois différentes substances à la pâte. L'ajout de coton, par exemple, améliore la qualité du papier à lettres officiel. Des **ingénieurs chimistes** spécialisés en pâtes et papiers québécois tentent actuellement de créer un papier résistant au feu en lui ajoutant des fibres d'amiante.

LES MEUBLES

De la forêt à la maison

« Fatigués de te voir travailler devant ton ordinateur dans toutes sortes de positions inconfortables, tes parents ont décidé de t'offrir un bureau adéquat. Au magasin, différents modèles se côtoient, faits de toutes sortes de matériaux: le verre, le métal, la mélamine, etc., mais tu es particulièrement intéressé par un bureau aux lignes à la fois modernes et chaleureuses: tout en bois d'érable. Ton équipement informatique s'y agencera très bien! »

© École nationale du meuble et de l'ébénisterie

L'ébéniste-artisan connaît tout des techniques d'assemblage du bois!

© École nationale du meuble et de l'ébénisterie

Des instruments très précis, comme la colleuse à bande, facilitent le travail de l'ébéniste.

De la chambre au salon, en passant par la cuisine et la salle de bain, rares sont les maisons où il n'y a pas plusieurs meubles en bois!

Les forêts du Québec fournissent une grande variété d'essences de bois ayant leurs caractéristiques propres. L'érable et le chêne sont des bois plus chers, qui sont durs et très durables. À l'opposé, des bois comme l'épinette, le pin et le peuplier sont plus tendres et moins durables. Moins chers aussi, ils servent surtout à faire les structures internes des divans, les bases de lit, ou parfois même l'armature interne de gros meubles, qui sont ensuite recouverts de bois plus « nobles ». L'esthétique du meuble a aussi son importance, et un fini en bois noble offrira des coloris souvent plus intéressants.

L'art des ébénistes consistent à concevoir et à construire des meubles en bois. Ils peuvent être supervisés par des contremaîtres d'ébénistes et de menuisiers en meubles. La méthode de ses professionnels des meubles en bois par essais et erreurs, par formulation et validation d'hypothèses, s'apparente à la démarche scientifique.

Tenon et mortaise

Pour assembler les différentes parties d'un meuble, on utilise souvent la méthode tenon et mortaise, une méthode d'assemblage empruntée à la charpenterie.

Le choix du bois, sa découpe, les méthodes d'assemblage, les tests de solidité, les vernis et peintures à appliquer, tous ces paramètres ont une influence sur le produit fini. Ils s'associent souvent à des **ergonomes** pour créer des meubles confortables.

Un meuble en bois est beau, mais également fragile. Il peut assez facilement être égratigné, brûlé ou abîmé par l'humidité. Dernière étape de la fabrication d'un meuble : son vernis. Les vernis, élaborés par des **technologues en chimie** sont des liquides plus ou moins visqueux, qu'on étend sur le bois et qui forment un film protecteur solide en séchant. Ils sont habituellement constitués d'un plastique en solution dans un solvant. Lorsqu'on les applique, le solvant s'évapore et le plastique solide reste. Il existe des vernis d'origine naturelle, comme certaines huiles et résines végétales. D'autres sont des créations synthétiques, souvent dérivées du pétrole : le polyuréthane, l'acrylique, etc. (voir **Pétrochimie**). Les vernis ne sont pas à toute épreuve, mais ils augmentent considérablement la durée de vie des meubles.

© Steve Vezeau

L'**ergonome** analyse la posture du travailleur en mesurant l'angle du tronc.

PLUS D'UNE QUALITÉ !

En plus de leur solidité, de leur durabilité et de l'esthétique, certains bois se démarquent par d'autres vertus. Ainsi, le cèdre a le mérite d'éloigner les insectes et leurs larves. C'est pourquoi on fabrique des coffres et des armoires en cèdre destinés à l'entreposage des vêtements. Un insectifuge écologique !

Étonnamment, le bois est l'un des matériaux les plus solides et les plus légers pour fabriquer un kayak, mais contrairement aux embarcations en matière synthétique, il demande beaucoup d'entretien.

LE MOT DE LA FIN !

Le bois est une ressource exceptionnelle pour l'humain. Le Québec a la chance d'avoir des ressources forestières extraordinaires qui fournissent de l'emploi à des centaines de milliers de travailleurs. Cette ressource doit cependant être bien gérée, car un arbre peut prendre plus de 70 ans avant d'être mature pour la coupe. Il faut voir loin et prévoir pour longtemps. L'industrie du bois (incluant les pâtes et papiers) génère annuellement plus de 18 milliards de dollars et occupe la deuxié de position en termes d'exportation (11 milliards de dollars), après le secteur de l'aluminium et des alliages. Elle est la principale source d'emplois manufacturiers dans plus de 250 municipalités québécoises.

Le Canada est le quatrième plus grand producteur mondial de papier, avec plus de 20 millions de tonnes chaque année.

Ils touchent du bois !

DERRIÈRE CHAQUE

BRONCHODILATATEUR

IL Y A...

Une innovation scientifique :

La pharmacologie

P. 44 et 45

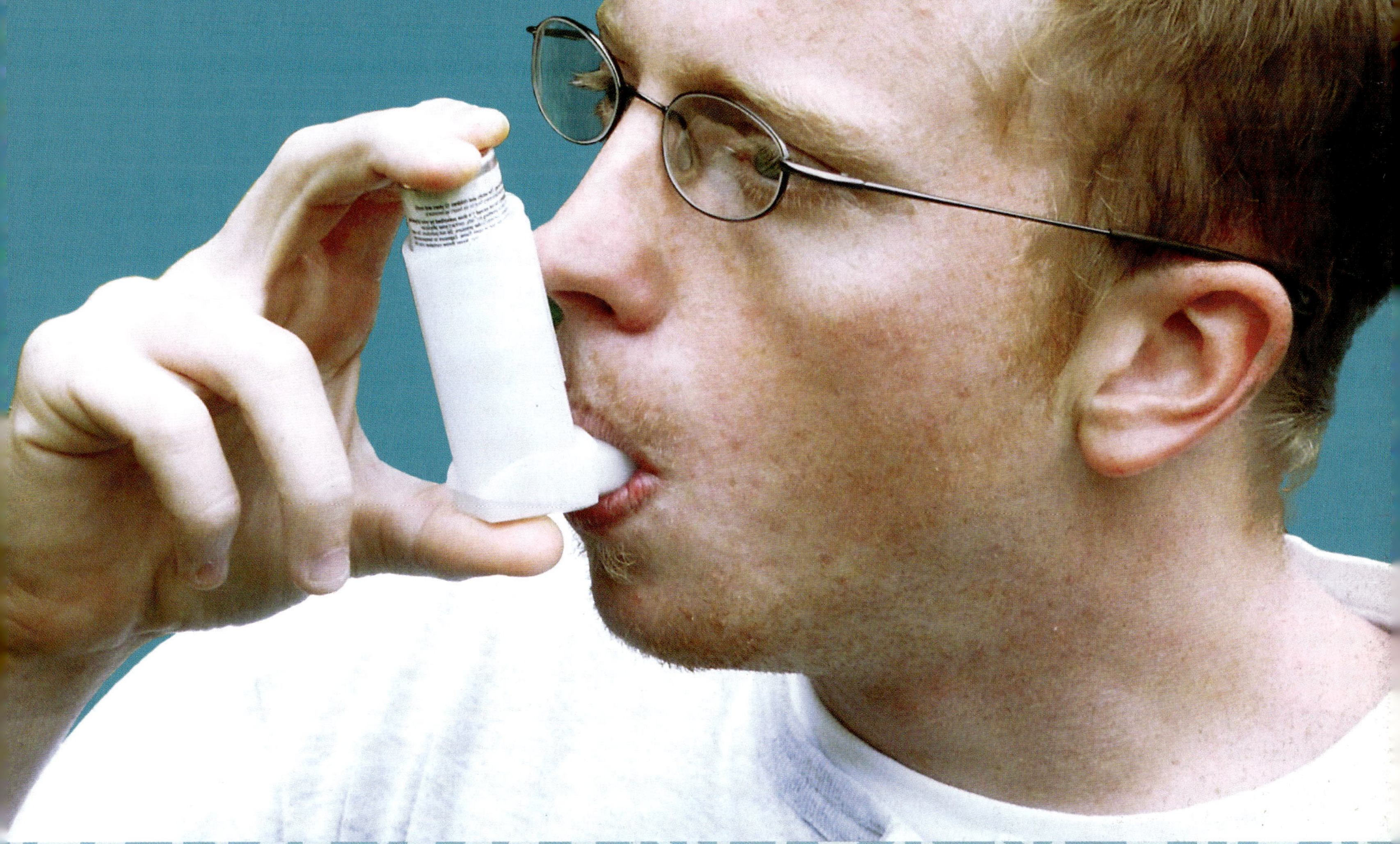

Quelques champs d'exploration de la pharmacologie

Les antiobiotiques...
P. 46 et 47

Les vaccins...
P. 48 et 49

Les pilules contraceptives...
P. 50 et 51

Le bronchodilatateur

Une petite pompe pour retrouver son air

« Par une froide fin de semaine de janvier, tu passes la journée à dévaler les pentes sur ta planche à neige avec tes amis. À un certain moment, l'une d'eux, essoufflée, s'assoit sur un banc de neige et tu entends deux *pssshhhttt* rapides: le bruit familier de sa «pompe» de Ventolin. Quelques instants plus tard, la revoilà à tes côtés, prête à poursuivre vos acrobaties. »

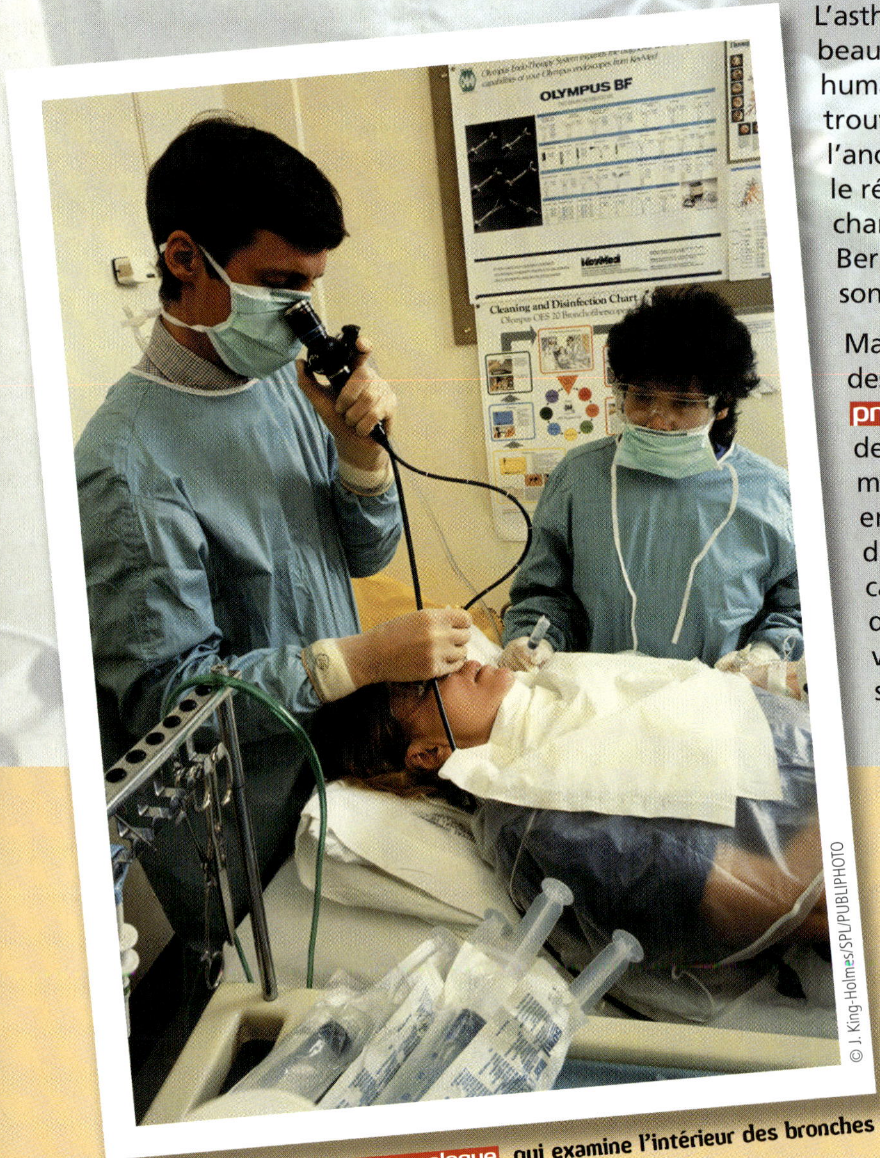

© J. King-Holmes/SPL/PUBLIPHOTO

L'**infirmière** assiste le **pneumologue**, qui examine l'intérieur des bronches de la patiente à l'aide d'un endoscope.

L'asthme, ce dont souffre ton amie, touche beaucoup de monde. Environ 10 % des humains sont asthmatiques, et parmi eux se trouvent des célébrités d'hier et d'aujourd'hui: l'ancien président américain John F. Kennedy, le révolutionnaire Ernesto « Che » Guevara, la championne olympique de plongeon Sylvie Bernier, etc. Au Québec, ce sont 700 000 personnes qui doivent vivre avec cette maladie.

Malgré de nombreuses recherches menées par des équipes multidisciplinaires composées de **pneumologues**, de **biologistes moléculaires** et de **technologues en biochimie**, l'asthme demeure mystérieux. Il peut apparaître dans la petite enfance, puis disparaître à l'adolescence. Chez d'autres, il se déclare à l'âge adulte. Dans tous les cas, la maladie est chronique, c'est-à-dire qu'elle dure longtemps et qu'aucun traitement ne peut vraiment la guérir. Par ailleurs, son intensité est souvent variable durant la vie du malade.

Suffoquer volontairement!

La sensation d'étouffement et d'oppression que ressent une personne en crise d'asthme est très désagréable. Essaie de respirer dans une petite paille de cafétéria durant quelques minutes, tu comprendras!

Une crise d'asthme, c'est une grosse réaction du système respiratoire. Des poussières, du pollen, des poils de chat, le froid ou tout autre élément peuvent déclencher des réponses très incommodantes chez la personne asthmatique. C'est comme si les poumons reconnaissaient une substance très dangereuse et se fermaient pour ne pas la laisser entrer. La paroi des **bronches** s'épaissit et ces dernières ne laissent plus passer qu'une petite quantité d'air. L'asthmatique doit alors fournir un gros effort pour respirer par ces canaux rétrécis, il tousse et sa respiration devient sifflante.

Le malade doit alors se tenir loin de la substance allergène et éviter les efforts physiques pour ne pas s'essouffler davantage. Dans le cas de crises graves, certaines substances peuvent aider à rouvrir les bronches : on les appelle des « bronchodilatateurs ». L'adrénaline en injection a déjà prouvé son efficacité. Mais grâce à la recherche des **pharmacologues** et des **techniciens de laboratoire médical** spécialisés en histologie, plusieurs médicaments à action très rapide ont été découverts. L'un des plus connus est le Ventolin, vendu en aérosol doseur. Dans les bronches, au contact des muscles, il les fait se relâcher rapidement. Les voies respiratoires s'ouvrent à nouveau et le malade peut reprendre son air. Ce n'est qu'un exemple des miracles dont la pharmacologie est capable.

Dans un laboratoire d'histologie, une technicienne de laboratoire médical utilise un microtome, un appareil servant à couper de très minces lames dans des tissus humains, afin de les observer au microscope.

Les **bronches** sont de petits conduits ramifiés à l'intérieur des poumons par lesquels l'air circule jusqu'aux alvéoles.

EFFET DURABLE ?

L'asthme peut être contrôlé, mais pas guéri. Des essais ont été menés dans le monde en 2006 et 2007 sur 300 asthmatiques (dont 40 Québécois). La nouvelle technique développée par des **pneumologues**, appelée « thermoplastie bronchique », consiste à insérer un petit cathéter dans les bronches pour brûler les muscles responsables du rétrécissement. Le tout se fait en deux courtes interventions de 45 minutes. Incapables de se contracter, les muscles ne provoquent alors plus de crise d'asthme. Reste à vérifier si l'effet est durable…

Derrière chaque bronchodilatateur **il y a…**

LA PHARMACOLOGIE

Une petite pilule, une petite granule, une pommade...

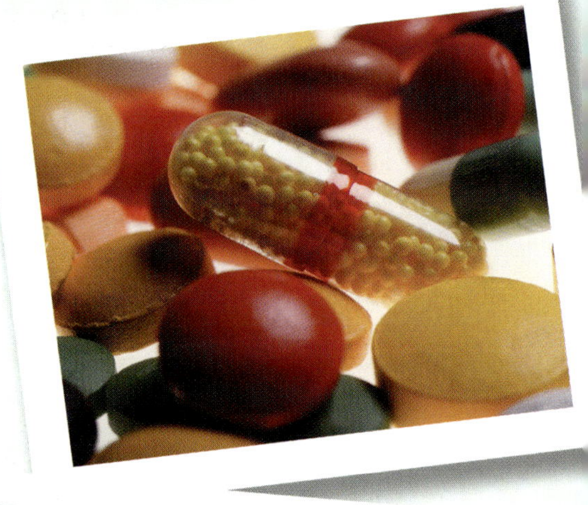

L'aspirine de Bayer, le Tylenol de Johnson & Johnson, le Viagra de Pfizer, le Ventolin de GlaxoSmithKlein... Derrière ces médicaments vendus par les **pharmaciens** et leurs **assistants techniques en pharmacie** se trouvent de grandes compagnies pharmaceutiques. Avec l'industrie de l'automobile et celle du pétrole, l'industrie des médicaments est l'un des grands acteurs de l'économie mondiale; elle génère des ventes de plus de 500 milliards de dollars américains chaque année.

La production d'un médicament à partir d'une molécule active coûte très cher et peut nécessiter plus de 10 ans de recherche. Même si les médicaments sont souvent produits synthétiquement en laboratoire, on cherche surtout les nouvelles molécules dans la nature. Les plantes en particulier regorgent de molécules dont on ignore encore toutes les possibilités curatives. Souvent, les chercheurs vont s'inspirer des connaissances en médecine traditionnelle des peuples autochtones*.

Lorsqu'un composé intéressant est localisé, on cherche d'autres molécules qui lui ressemblent et qui pourraient avoir une action similaire. Mais sur 100 000 molécules ciblées, 10 seulement vaudront la peine qu'on dépose un brevet et une seule deviendra un médicament utilisé par des malades. En moyenne, chaque nouveau médicament émis par une compagnie pharmaceutique nécessite des investissements de plus d'un milliard de dollars. Par exemple, la multinationale Pfizer investit 125 millions de dollars américains par semaine pour soutenir les recherches menées par les 12 500 **pharmacologues**, **contrôleurs de produits pharmaceutiques** et autres **technologues en chimie biologie** de ses nombreux laboratoires partout sur la planète.

Après avoir questionné le client pour s'assurer qu'il ne présente pas de contre-indications, l'**assistante technique en pharmacie** prépare son ordonnance.

* À l'Université du Québec à Chicoutimi, le Laboratoire d'analyse et de séparation des essences végétales explore les composés cachés dans les plantes de la forêt boréale. Il a trouvé quelques molécules, comme l'alpha-humulène, un anticancéreux tiré du sapin baumier. La plante était déjà utilisée comme médicament par les Amérindiens.

Derrière l'appellation courante d'un médicament se cache une molécule...

Aspirine
Acide acétylsalicylique

Tylénol
Acétaminophène

Ventolin
Sulfate de salbutamol

Ritalin
Méthylphénidate

Advil
Ibuprofène

Sudafed
Pseudoéphédrine

Clearasil
Peroxyde de benzoyle

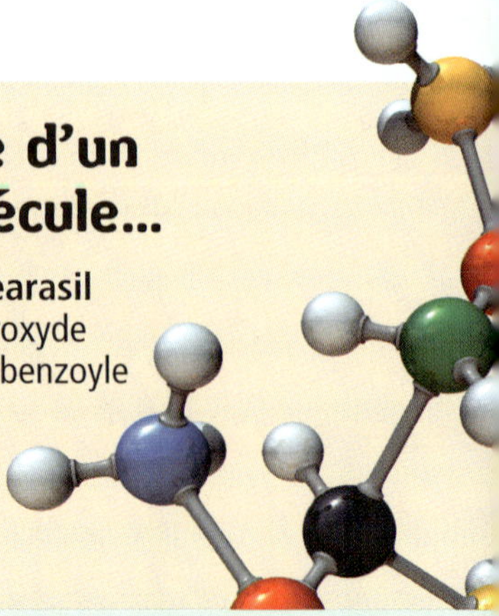

Les tests pharmaceutiques

Une fois qu'un composé a prouvé qu'il pouvait avoir un effet pharmacologique intéressant, il doit être soumis à de nombreux tests. Ceux-ci se divisent en deux étapes successives : les tests précliniques et les tests cliniques.

Les ***tests précliniques*** sont réalisés en laboratoire. Dans des éprouvettes, sur des cultures cellulaires saines ou malades, sur des animaux sains et malades, on découvre graduellement si la molécule est à la hauteur des espoirs qu'elle a fait naître. Si elle semble agir contre une maladie sans créer trop d'effets secondaires, on passe à l'étape suivante.

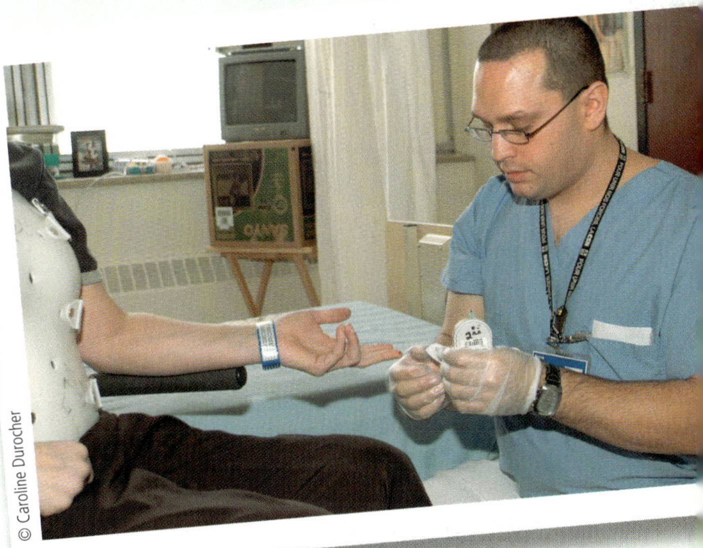
© Caroline Durocher

L'infirmier auxiliaire accomplit des tâches essentielles. C'est lui qui distribue les médicaments, change les pansements et prépare les patients pour leurs examens.

Les ***tests cliniques,*** c'est-à-dire les tests sur des humains, sont supervisés par des médecins spécialisés dans le champ d'investigation. Ces tests sont extrêmement réglementés par les gouvernements et rien n'est laissé au hasard. Ils se déroulent en trois phases. Les tests de phase 1 se font sur des sujets en santé et permettent de voir comment le corps réagit à ce médicament et s'il est sécuritaire, même en présence d'autres remèdes. C'est là qu'on détecte, grâce aux analyses de prélèvements réalisées par des technologistes médicaux, si les effets secondaires sont importants, à quelle vitesse le médicament passe dans la circulation sanguine et à quelle vitesse il en est éliminé. À la phase 2, les infirmiers auxiliaires administrent le médicament à quelques sujets (entre 50 et 200) qui souffrent de la maladie qu'on veut traiter. C'est là qu'on voit vraiment l'efficacité du composé. La dernière étape est la phase 3 : on essaie à nouveau sur des malades, mais sur un grand nombre d'entre eux (entre 200 et 2 000). C'est à cette étape qu'on saura quelle proportion de la population répond bien à la médication, et quels dosages devront être utilisés lorsque le médicament sera prescrit.

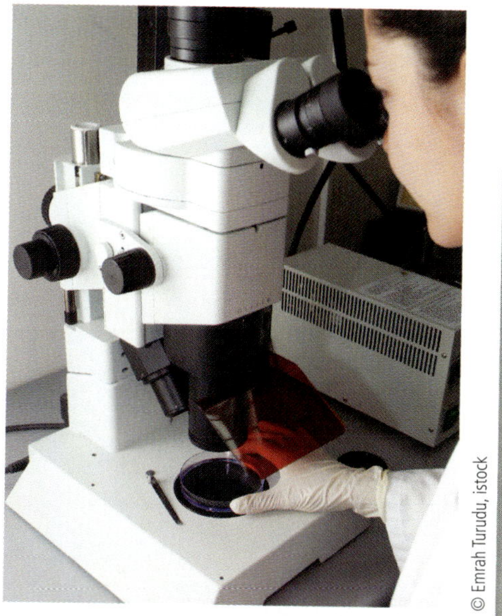
© Emrah Turudu, istock

La technologiste médicale ne peut imaginer son travail sans son microscope : c'est son outil de travail.

À chacune de ces étapes, une molécule peut être éliminée, soit parce qu'elle n'apporte pas les effets attendus, soit parce qu'elle entraîne trop d'effets secondaires. Mais si elle finit cette course à obstacles et se rend jusque sur les tablettes des pharmaciens, elle sera encore soumise à des tests de qualité pendant une dizaine d'années. C'est ce qu'on appelle la pharmacovigilance : on continue à amasser des données et on vérifie de temps à autre que le médicament est de bonne qualité et qu'il agit bel et bien comme l'ont promis les fabricants.

UN PEU D'HISTOIRE...

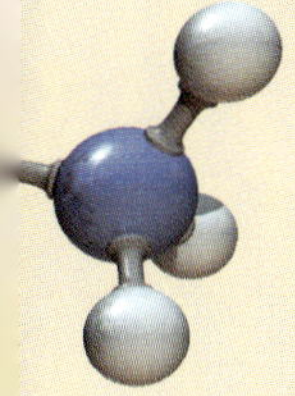

Dans les années 1990, la compagnie Pfizer testait le Sildenafil, un médicament censé soulager les problèmes d'hypertension. Mais lors des premiers tests cliniques, les volontaires masculins constatèrent des effets secondaires surprenants... La compagnie ne tarda pas à réorienter la molécule vers un médicament destiné à régler les difficultés érectiles. Ainsi naquit le Viagra !

La pharmacologie explore plusieurs domaines

LES ANTIBIOTIQUES

LES VACCINS

LES PILULES CONTRACEPTIVES

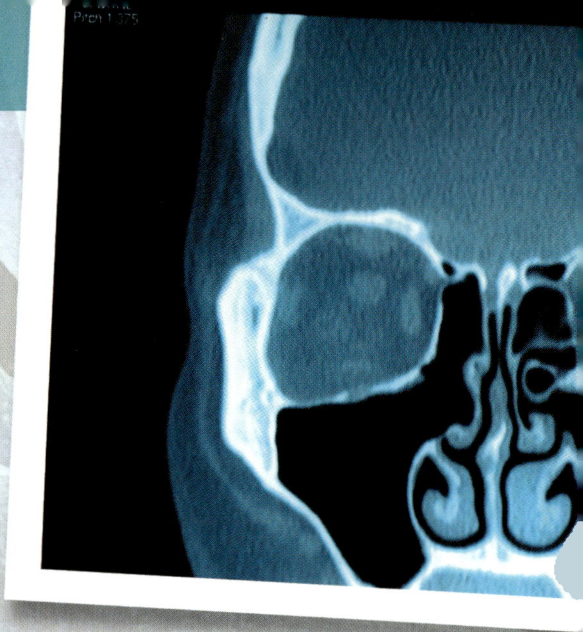

LES ANTIBIOTIQUES

Des champignons à l'assaut des bactéries

« Encore une sinusite ! Tu dois bien en faire quatre par année… C'est bien beau les décongestionnants, mais cette fois, tu en as marre et tu cours voir ton **médecin de famille**. Il te prescrit alors un antibiotique. Après dix jours, te voilà vraiment débarrassé de ces méchantes bactéries qui vivotaient dans tes sinus. »

Les orifices naturels de ton corps et les plaies sont des portes d'entrée pour les bactéries de l'environnement. Dans ces milieux chauds et humides, elles prolifèrent allègrement. C'est l'infection bactérienne, que ton organisme arrive habituellement à maîtriser. Mais il arrive parfois que les bactéries aient le dessus et se propagent en toi, comme lors d'une sinusite. C'est à ce moment qu'on appelle les antibiotiques en renfort.

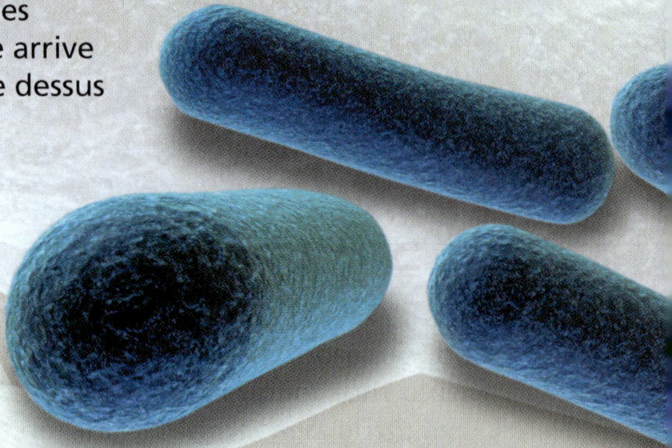

Qu'est-ce qu'un antibiotique ? C'est un médicament conçu pour tuer des bactéries (bactéricide) ou empêcher leur multiplication (bactériostatique). Le mot *antibiotique* signifie d'ailleurs « contre la vie ». Il n'a donc aucun effet contre les virus, comme ceux qui causent la grippe, qui ne sont pas vraiment des êtres vivants. Lorsque des **omnipraticiens** te prescrivent des antibiotiques, tu peux en déduire que de petits êtres vivants se propagent quelque part dans ton corps. Dans le cas des sinusites, c'est souvent la bactérie *staphylocoque aureus*, c'est-à-dire le staphylocoque doré dont il est question.

Comme il existe des milliers de familles de microbes, il existe aussi différentes familles d'antibiotiques. L'efficacité de chacune varie selon les micro-organismes en cause.

Avant la découverte des antibiotiques, une simple blessure mal nettoyée pouvait mener à la mort par infection bactérienne généralisée. Pendant la Première Guerre mondiale, plusieurs soldats mourraient à cause de simples plaies contractées dans la saleté des tranchées. C'est Sir Alexander Fleming, **pharmacologue** écossais, qui a isolé le premier antibiotique en 1928 : la pénicilline. Produite naturellement par un champignon appelé *Penicillium notatum,* d'où son nom, Fleming avait remarqué par hasard que ses cultures de bactéries contaminées par ce champignon ne croissaient plus. Un peu plus tard, en 1939, on réussit à obtenir une forme stable de pénicilline que des **technologues en microbiologie** produisirent en grandes quantités. Ça tombait à point : la Seconde Guerre mondiale faisait rage et des milliers de blessures s'infectaient.

Le technologue en microbiologie extrait un échantillon de microbes qu'il déposera dans une boîte de Pétri.

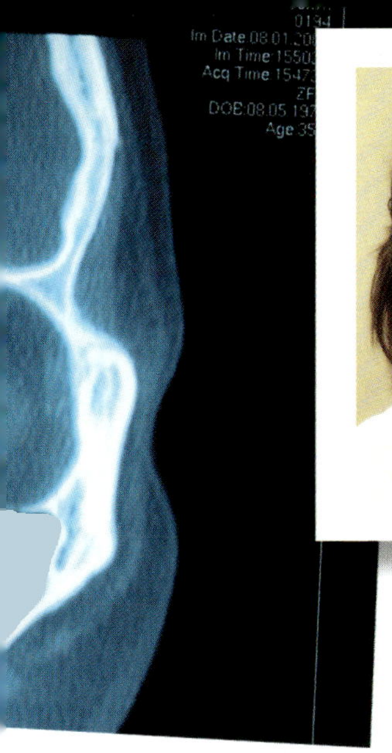

Maintenant, on obtient les antibiotiques à partir de nombreuses sources (bactéries, champignons, plantes, animaux…) et on en synthétise artificiellement. Mais un grave problème se pointe à l'horizon : on les a trop utilisés et les bactéries à combattre deviennent résistantes*. Les **omnipraticiens** ont prescrit ces « médicaments miracles » à profusion pour toute sorte de maladies, parfois même d'origine virale, donc insensibles aux antibiotiques. On utilise aussi beaucoup les antibiotiques dans l'élevage du bétail et de la volaille pour protéger les animaux des infections et accélérer leur croissance. Résultat : les bactéries dans la nature sont très souvent exposées aux antibiotiques et peuvent développer des résistances.

© M. Fermariello/SPL/PUBLIPHOTO

La bactériologiste et le technologue en bactériologie observent une boîte de Pétri dans laquelle a été cultivé un échantillon de bactérie.

Les **technologues en bactériologie** le savent bien : si une population d'un milliard de bactéries est bombardée d'antibiotiques, la grande majorité va mourir. Mais si deux ou trois d'entre elles, par une hasardeuse mutation, ont la capacité de survivre, ces deux ou trois vont engendrer une descendance résistante à l'antibiotique. C'est la sélection naturelle.

Le Cipro, de son vrai nom la « ciprofloxacine », est devenu très populaire durant la guerre du Koweït de 1990. Cet antibiotique de la compagnie Bayer avait été choisi pour être administré par les **adjoints médicaux** aux soldats américains qui risquaient d'être exposés aux armes biologiques irakiennes. Les **omnipraticiens** de partout se sont alors mis à prescrire le célèbre médicament pour toutes les infections. Résultat : des souches bactériennes résistantes au Cipro commencent déjà à apparaître…

LES VACCINS

L'immunité au bout d'une aiguille

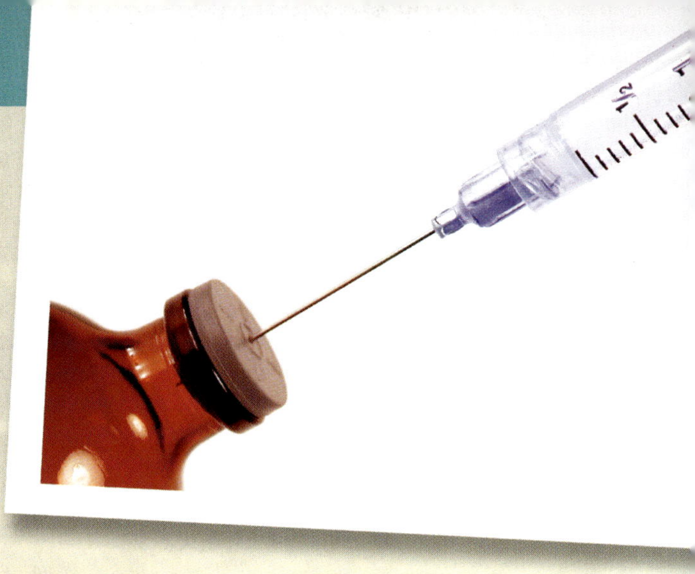

« Troisième secondaire. Te voilà à l'infirmerie de l'école avec plusieurs de tes condisciples de classe. L'**infirmier scolaire** vous appelle à tour de rôle pour vous administrer un rappel des vaccins contre la diphtérie et le tétanos. Devant toi, le capitaine de l'équipe de hockey devient livide et s'écroule sur le sol. Qui aurait cru qu'une petite aiguille lui ferait si peur? Tout sourire, deux professeurs le relèvent. Voilà ton tour... »

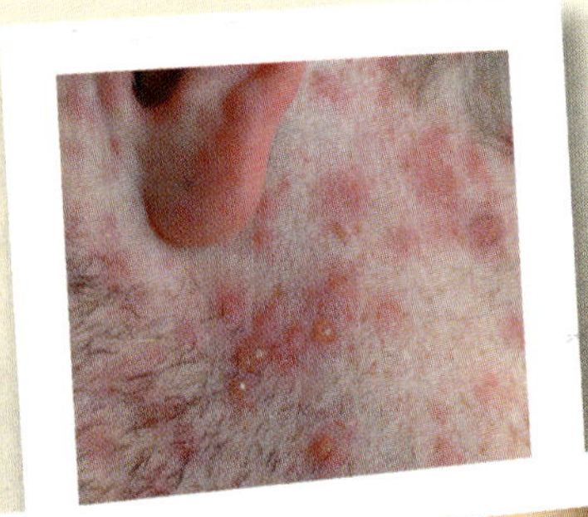

« On n'attrape pas deux fois la varicelle. » Tu as probablement entendu cette phrase de la bouche de tes parents alors qu'ils tentaient de te réconforter de tes petits boutons et de tes démangeaisons. Tu peux confirmer leur parole aujourd'hui : ta première varicelle a aussi été ta dernière!

L'antivirus de ton ordinateur fonctionne un peu comme ton système immunitaire. Il doit connaître l'attaquant pour pouvoir l'éliminer rapidement, c'est pourquoi tu dois télécharger régulièrement les nouvelles définitions de virus pour être protégé.

Dans ton corps, lorsqu'un **pathogène** arrive, ton système immunitaire est un peu démuni et l'importun a le temps de faire des dommages. Concrètement, tu es malade. Après un moment, tes défenses prennent le dessus et éliminent l'intrus. Si celui-ci se pointe à nouveau, il sera reconnu et pulvérisé illico. Le virus de la varicelle a peut-être tenté de t'infecter à nouveau depuis ta première fois, mais ton corps s'est bien défendu.

Pour nous, se faire vacciner, c'est un peu comme télécharger des définitions de virus dans l'antivirus informatique. Et ça fonctionne avec tous les pathogènes, pas seulement les virus. Tu n'attraperas jamais la tuberculose, car le vaccin qu'on t'a administré quand tu étais jeune a mis ton corps en contact

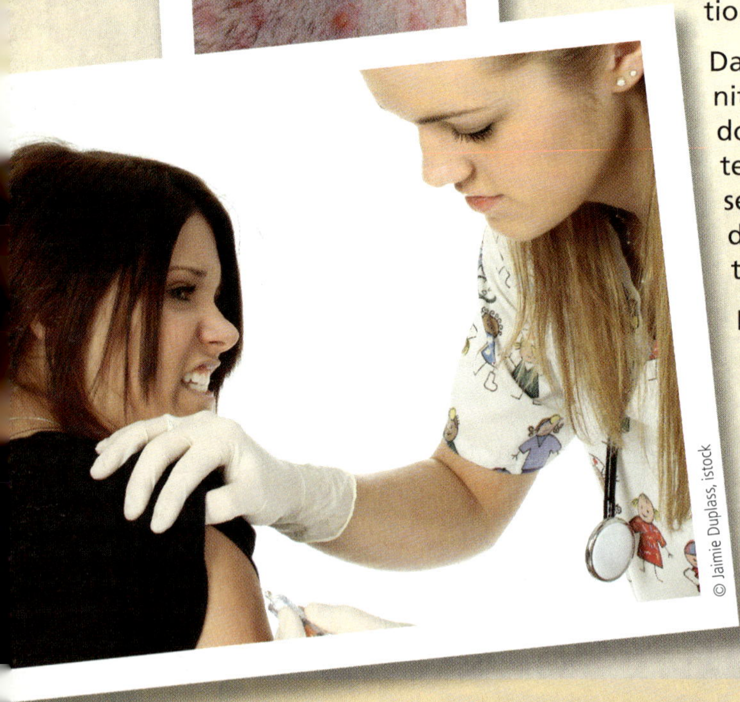

© Jaimie Duplass, istock

L'infirmière scolaire est responsable de la vaccination à l'école, mais elle est aussi là quand un jeune est malade, ou qu'il a un problème. L'écoute fait partie de ses tâches!

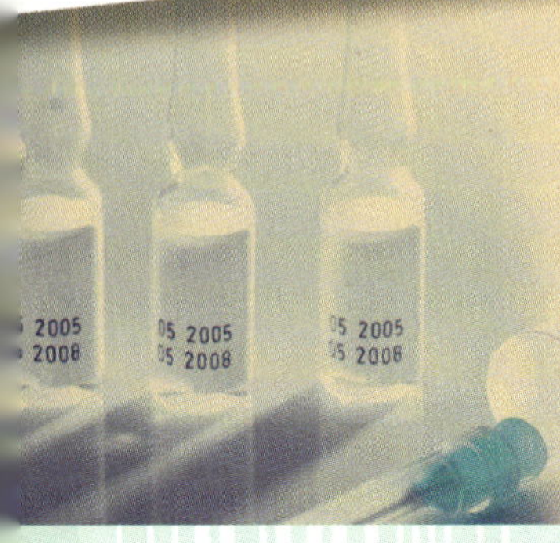

UN PEU D'HISTOIRE...

La vaccination mondiale contre la variole a permis de faire disparaître complètement cette maladie mortelle de la surface du globe en 1977. De même, l'éradication de la poliomyélite devrait aboutir en 2010. Quelle maladie sera la prochaine ?

Les agents **pathogènes** sont des corps pouvant déclencher une maladie lorsqu'ils se retrouvent dans l'organisme. Ils peuvent être des virus, des bactéries, des champignons, des parasites, des cellules cancéreuses, certains poisons... C'est à ces pathogènes que le système immunitaire s'attaque.

avec *Mycobacterium tuberculosis*, la bactérie responsable de cette grave maladie pulmonaire. Ton système immunitaire a enregistré les caractéristiques de la bactérie et l'a reconnue immédiatement toutes les fois où elle s'est présentée par la suite.

Mais lorsqu'on t'a vacciné, on ne t'a évidemment pas inoculé la vraie bactérie : tu aurais attrapé la maladie et tu aurais pu en mourir. On t'a injecté *Mycobacterium bovis,* une proche cousine peu dangereuse que des technologues en chimie biologie ont affaiblie. Elle ressemble suffisamment au vrai pathogène pour que ton système reconnaisse maintenant les deux.

Des technologues en chimie biologie inoculent des œufs avec une substance contenant des virus.

© R. Novosti/SPL/PUBLIPHOTO

Élaborer un nouveau vaccin demande du temps. Il faut trouver la souche exacte du pathogène qui cause la maladie. Lorsque c'est fait, il faut le faire croître dans un milieu de culture approprié, souvent dans des œufs de poule. Les techniciens, qui travaillent de concert avec les virologistes, le modifient ensuite pour le rendre inoffensif, mais quand même reconnaissable par ton organisme. De la première à la dernière étape, il faut quelques mois de travail. Chaque automne, au Québec, on cherche quel sera le virus de la grippe le plus courant de l'hiver et on fabrique les vaccins qui sont distribués à ceux qui le désirent.

© P. Psaila/SPL/PUBLIPHOTO

Pour étudier le comportement des virus sans s'exposer au danger, le virologiste doit parfois se soumettre à de sérieuses mesures de sécurité.

SACRÉ PASTEUR!

« Vaccin » vient de *vacca*, mot latin signifiant « vache ». En effet, en 1796, les premiers essais sérieux de vaccination ont été faits avec la bactérie qui cause la variole chez les vaches. Les humains qui la recevaient devenaient aussi immunisés contre la forme humaine. C'est le chimiste et biologiste français Louis Pasteur, créateur de la microbiologie, qui, cent ans plus tard, produisit les premiers vrais vaccins contre le choléra et la rage et qui leur donna ce nom en l'honneur de ces anciens essais.

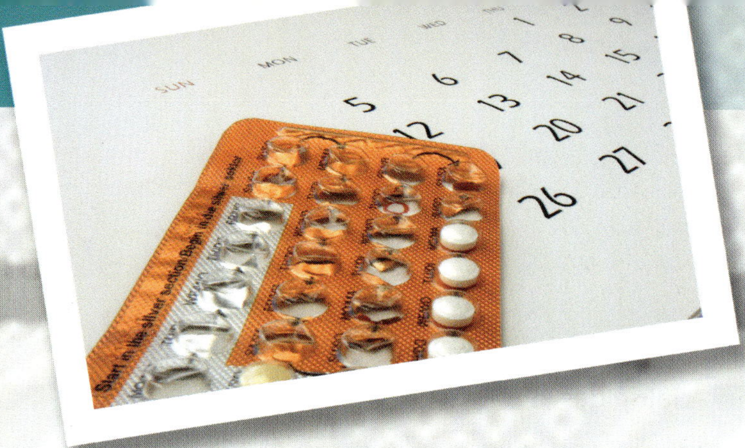

LES PILULES CONTRACEPTIVES

Pour choisir le bon moment !

« Espérée par les féministes de la première moitié du 20e siècle, la pilule contraceptive a permis la libération sexuelle des femmes : elles peuvent maintenant mieux choisir le moment où elles conçoivent des enfants. Et tout ça, grâce aux **endocrinologues**, les spécialistes des hormones et des glandes. »

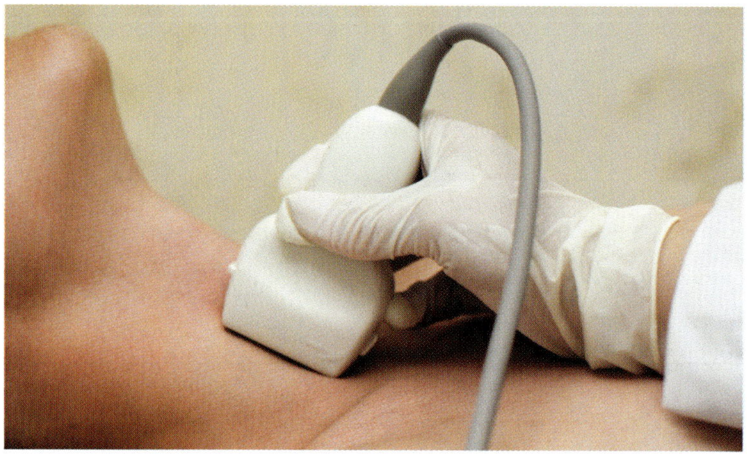

© Boris Kaulin, istock

L'endocrinologue s'occupe également de la thyroïde, qui est la plus volumineuse des glandes endocrines.

Les **hormones** sexuelles sont fascinantes. Fabriquées dans les testicules et les ovaires, ce sont la testostérone chez l'homme et les œstrogènes et la progestérone chez la femme. Elles ont plus d'un rôle. Ce sont elles qui, à l'adolescence, déclenchent les transformations que tu connais bien !

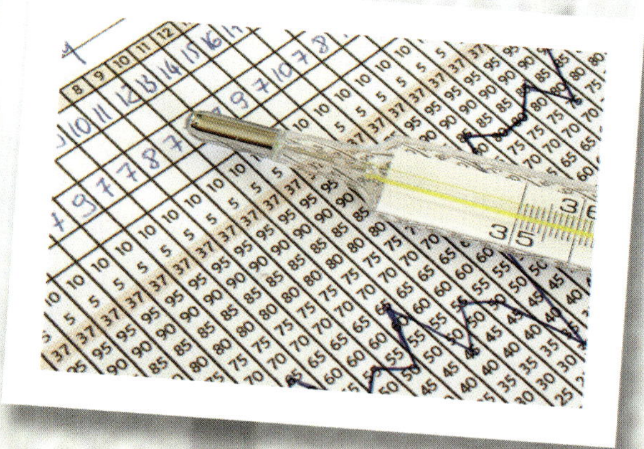

Contrairement à l'homme qui est fertile en tout temps, la fertilité de la femme est plus complexe et varie selon un cycle d'environ quatre semaines, le fameux cycle menstruel. Au cours de ce cycle, comme l'expliquent les **infirmiers scolaires**, différents changements se produisent sous l'influence de subtiles variations dans les concentrations des hormones sexuelles. Tous les mois, un ovule est libéré par un ovaire et durant les quelques jours qui suivent, il y a possibilité de fécondation par un spermatozoïde.

Lorsque la fécondation a lieu et qu'un fœtus amorce son développement dans l'utérus, la production des ovules cesse et ne reprendra que plusieurs mois plus tard, après l'accouchement. Ce « blocage » s'explique par des concentrations spécifiques des hormones sexuelles dues à la grossesse.

Une pilule masculine ?

Les recherches vont bon train et de nombreuses plantes sont déjà reconnues pour leur action stérilisante. Le défi est de trouver une substance qui ne rend pas stérile pour toujours...

Une **hormone** est une substance produite par une glande et qui voyage dans l'organisme par le sang. Elle déclenche alors une réaction dans un ou plusieurs autres organes. L'insuline, l'adrénaline, les hormones thyroïdiennes...

Au début des années 1950, des **biochimistes** se sont dit que si l'on pouvait imiter les concentrations hormonales de la femme enceinte, peut-être pourrait-on « faire croire » aux ovaires qu'un bébé est en formation et qu'il faut stopper la production d'ovules. Ainsi naquit l'idée du premier comprimé contraceptif, la fameuse *pilule*, commercialisé dès 1960.

Les différentes marques de pilules agissent toutes de la même façon. Des substances chimiques imitent les hormones féminines et trompent le corps en simulant une grossesse virtuelle. En prenant la pilule tous les jours, on maintient un niveau artificiellement élevé de ces substances qui empêchent toute ovulation. Dès qu'on arrête, le corps croit que la (fausse) grossesse est terminée et qu'il doit se remettre à produire des ovules.

La pilule est un moyen de contraception efficace à plus de 99,5 % si l'on n'oublie pas de la prendre ! Les fabricants proposent aussi leurs anovulants dans des timbres dermiques qu'on colle sur la peau (les *patchs*), ou encore sous forme d'implants installés sous la peau et qui libèrent leur produit pendant plusieurs semaines.

Des études récentes ont confirmé que l'usage de contraceptifs oraux réduisait le risque de cancer des ovaires de 40 % et celui du cancer de l'endomètre (surface interne de l'utérus) de 50 %. De plus, les concentrations hormonales maintenues artificiellement de manière constante permettent, chez certaines femmes, de régler les problèmes dus aux fluctuations naturelles des hormones : acné, endométriose, règles trop abondantes ou irrégulières… Des effets secondaires très appréciés de certaines femmes !

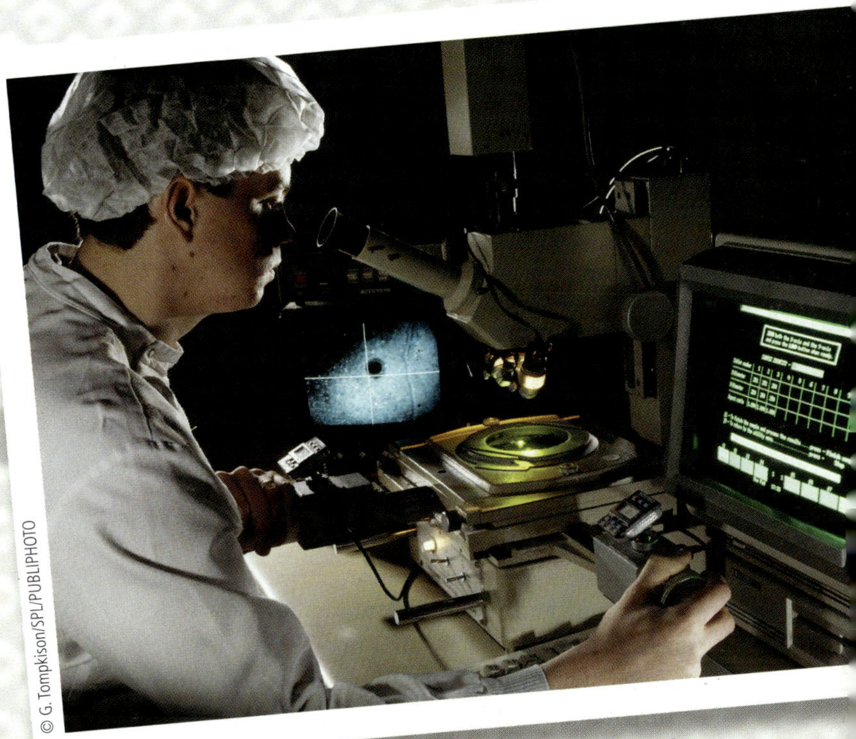

© G. Tompkison/SPL/PUBLIPHOTO

Grâce à son équipement sophistiqué composé d'un microscope, d'un ordinateur et d'un laser, le biochimiste suit en temps réel l'effet d'un médicament.

EFFETS SECONDAIRES…

Lorsqu'une femme utilise des anovulants, elle élimine les œstrogènes synthétiques par son urine. Les systèmes de traitement des eaux ne filtrent pas ce produit chimique et il se retrouve dans la nature. Ainsi déversée dans l'environnement depuis des décennies par des milliers de femmes, cette pollution a des effets sur les organismes aquatiques, comme les poissons et les grenouilles. À certains endroits, des poissons mâles se féminisent au point de pondre des œufs !

LE MOT DE LA FIN !

Notre corps est fragile et complexe, aussi il est victime de nombreuses « agressions » tous les jours. Les scientifiques réussissent, grâce à leurs connaissances du corps humain et à leurs expérimentations, à développer des méthodes qui nous rendent la vie plus agréable !

Au Québec, environ 225 compagnies et près de 19 000 employés font avancer la science pharmaceutique en recherche et développement ainsi qu'en fabrication. C'est l'un des plus importants secteurs économiques du Québec moderne.

Avec la présence de quelque 20 multinationales, Montréal est la huitième ville en Amérique du Nord pour le nombre d'emplois dans le secteur pharmaceutique.

Depuis 50 ans, on a fait des progrès incroyables dans le combat contre les maladies. Imaginez où nous en serons dans quelques décennies… Qui sait si les maladies incurables d'aujourd'hui (SIDA, cancers, diabète…) ne seront pas de simples souvenirs demain ?

Métiers et professions

LA PHARMACOLOGIE

Ils jouent avec les molécules !

DERRIÈRE CHAQUE

MAQUILLAGE

IL Y A...

Une innovation scientifique:

La pétrochimie

P. 56 et 57

Différents produits dérivés du pétrole

Les fibres synthétiques...
P. 58 et 59

Les carburants...
P. 60 et 61

Les caoutchoucs...
P. 62 et 63

Le maquillage

La beauté en burette!

« C'est ton spectacle de fin d'année et tu entres en scène dans une minute. Derrière le rideau, ta guitare à l'épaule, tu écoutes la dernière chanson du groupe qui précède le tien. Ton batteur te regarde et remarque que ton maquillage a coulé. Pas facile d'être une vedette de rock! En quelques coups de pinceau, tu fais une retouche à ton mascara, remets du fard à joues... juste à temps: vous voilà sur les planches! »

© Elena Korenbaum, istock

Quelles sont les manifestations cutanées de la peau «stressée»? La biologiste moléculaire, spécialiste de la cellule, répondra à cette question et identifiera comment limiter les effets néfastes.

UN PEU D'HISTOIRE...

Autrefois, on ignorait que certains cosmétiques pouvaient être nocifs. Les Anciens Romains et Grecs appliquaient sur leur peau de la céruse, un pigment blanc à base de plomb. Avec les années, le métal s'accumulait en eux et ils mouraient d'intoxication!

Amélioré par les progrès de la recherche scientifique, le maquillage a bien changé depuis Marilyn Monroe. À l'époque, les rouges que la diva appliquait sur ses lèvres étaient faits de différents types de cires, comme la cire de carnauba, d'origine végétale, ou la paraffine, d'origine minérale. Ces cires donnaient sa structure au bâton de rouge à lèvres. Pour faciliter son application, on lui ajoutait aussi des corps gras, comme des huiles végétales (tournesol, jojoba) ou animales (la lanoline, extraite de la laine). La recette était complétée par des pigments et des poudres qui donnaient aux lèvres de la vedette la couleur séduisante qui enflammait ces messieurs.

De nos jours, même si les ingrédients originaux du maquillage sont encore présents, des produits synthétisés en laboratoire s'ajoutent bien souvent aux cires et aux huiles naturelles: esters, polymères, hydrocarbures... Plusieurs de ces ingrédients synthétiques sont obtenus à partir de produits eux-mêmes dérivés du pétrole brut comme les huiles minérales, les gelées de pétrole, les paraffines, les oléfines...

Les recettes secrètes, jalousement gardées par les grandes compagnies, sont le fruit de la collaboration entre chimistes spécialisés dans la cosmétologie, biochimistes, biologistes moléculaires, technologues en chimie biologie et autres. Mais certains ingrédients sont des incontournables et se

retrouvent dans de nombreux cosmétiques. Le mascara, par exemple, contient des agents de conservation dérivés du pétrole qui relâchent du formaldéhyde, un composé qui tue les bactéries des cils et empêche leur multiplication dans le flacon.

Les cosmétiques modernes promettent de rester longtemps sur la peau, de résister à l'eau (et même aux baisers !), d'hydrater la peau, d'éliminer les petites rides et de rester utilisables même après des années. Chacune de ces qualités est garantie par l'ajout d'ingrédients spécifiques. Chaque produit de maquillage est bien souvent un cocktail de dizaines de composés qui ont été testés en laboratoire, d'abord par des **biologistes** sur des cultures de peau, puis par des **dermatologues** sur des volontaires humains. La pétrochimie est l'une des pistes explorées pour trouver de nouveaux ingrédients.

Le rôle du biologiste dans l'industrie des cosmétiques: approfondir ses connaissances de la peau et de sa réaction à l'application du maquillage.

LES LOTIONS SOLAIRES

S'exposer au soleil est bon, mais à petites doses. Parmi les rayons lumineux envoyés par l'astre du jour, il y a les ultraviolets, qui causent les coups de soleil à court terme et les cancers de la peau à long terme. Pour être protégé de ces rayons, les professionnels de la santé suggèrent de porter des vêtements longs et des chapeaux. Grâce aux lotions solaires, on peut se dévêtir avec moins de risques. Ces cosmétiques contiennent des produits chimiques dérivés du pétrole, comme l'abovenzone, l'octocrylène, le métoxyl, etc. Ces composés absorbent les rayons ultraviolets. Ils en transforment l'énergie en chaleur, qu'ils rejettent. Ils retrouvent ensuite leur état initial en quelques millièmes de seconde, et sont prêts à absorber et à rejeter un autre bombardement de rayons UV.

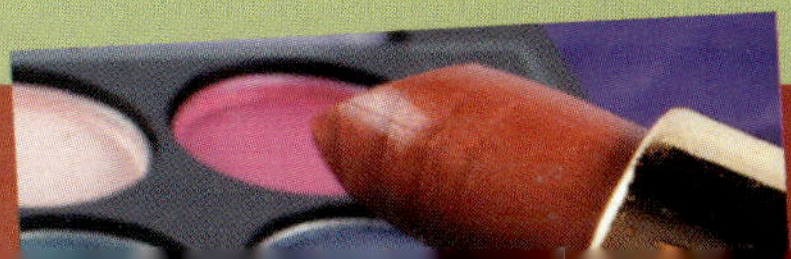

LA PÉTROCHIMIE

L'exploitation de très vieilles plantes

Matières plastiques, produits cosmétiques et pharmaceutiques, carburants, lubrifiants, solvants, détergents, adhésifs, engrais, fibres textiles et quoi encore! Que serait notre vie sans tous ces dérivés du pétrole ?

Le terme « pétrole » vient de *petra oleum,* des mots latins signifiant « huile de pierre ». Cette étrange appellation prend tout son sens quand on sait d'où vient le pétrole.

Sur Terre, tout ce qui vit et meurt finit par être décomposé et réutilisé par les générations suivantes d'êtres vivants. Toute matière organique, aussi résistante soit-elle, devient avec le temps du gaz carbonique et des éléments nutritifs pour d'autres êtres vivants. C'est ce qu'on appelle le « cycle du carbone » : le cycle de la vie.

Pompage et transport de l'or noir

Dans certaines conditions, les parties dures d'un organisme (os, dents, épines, écailles, troncs) peuvent échapper à cette décomposition. Au fond des cours d'eau pauvres en oxygène, les bactéries « décomposeuses » ne peuvent pas vivre et laissent ces parties intactes. Elles se transforment alors chimiquement, se minéralisent et deviennent fossiles.

Dans d'autres cas, une fossilisation spéciale peut survenir. De grandes quantités de matières végétales s'accumulent au fond d'une lagune ou d'un delta, au milieu des sédiments, des sables et des argiles. Sans oxygène, elles se décomposent très peu et, à la longue, les sédiments riches en plantes se compactent sous leur propre poids. Après des millions d'années, ils se tassent tellement qu'ils durcissent et forment une roche sédimentaire, qui ressemble à une éponge dure remplie de végétaux broyés !

À mesure que cette roche débordante de matière organique s'enfonce dans le sol, la pression et la température augmentent. À partir de 50° C, soit entre 1 000 et 3 500 mètres de profondeur, à cause de différentes réactions chimiques, la matière organique se change en pétrole et en gaz naturel, sur plusieurs millions d'années. C'est parce qu'ils proviennent d'une matière vivante très ancienne qu'on qualifie le pétrole et le gaz naturel de « combustibles fossiles ».

L'histoire ne s'arrête pas là. Ces combustibles étant moins denses que l'eau présente dans le roc, ils migrent vers la surface. S'ils émergent, ils sont oxydés et retournent dans l'atmosphère sous forme de CO_2, mais s'ils sont stoppés dans leur migration par une structure imperméable, comme une couche de granit en forme de dôme, ils s'accumulent pour former une nappe de combustible. Ce phénomène ressemble aux bulles qui s'accumulent sous la glace lorsqu'un plongeur nage dans un lac dont la surface est gelée.

Ce sont ces pièges à pétrole que l'on cherche lorsqu'on prospecte. Mais les **géologues pétroliers** ne cherchent pas n'importe où. Ils concentrent leurs fouilles dans les roches assez vieilles pour contenir du pétrole, mais pas trop vieilles, puisque la Terre ne porte des plantes en abondance que depuis environ 400 millions d'années. Inutile donc de chercher dans le Bouclier canadien, car il s'est formé il y a près de 4 milliards d'années. Les relevés faits par les **géophysiciens-prospecteurs** et les cartes tracées par les **technologues en cartographie pétrolière** permettent de connaître la structure du sous-sol et de repérer les poches qui pourraient emprisonner le précieux liquide.

Une fois la nappe identifiée, les **ingénieurs du pétrole** tentent un forage. À l'aide de longs trépans qui percent des roches très dures, on creuse dans la croûte terrestre jusqu'au gisement. Ensuite, il faut faire monter le pétrole, soit en le pompant, soit en injectant du gaz ou de l'eau sous pression pour l'expulser. Les deux méthodes sont généralement utilisées conjointement.

La **géophysicienne-prospectrice** échantillonne les roches pour en étudier les propriétés pétro-physiques.

C'est l'**ingénieur du pétrole** qui planifie les étapes de forage et supervise l'installation des trépans.

Comme le pétrole contient toutes sortes de produits, ses constituants doivent être séparés. Direction : la raffinerie ! Par des oléoducs (terrestres ou sous-marins) ou par des pétroliers géants, on achemine le liquide des puits vers les usines des compagnies pétrolières, où des **technologues en chimie** en isolent une multitude de composantes qu'on appelle des **hydrocarbures**.

Le raffinage consiste à distiller le pétrole, c'est-à-dire que les **techniciens en procédés chimiques** le chauffent pour séparer ses constituants par évaporation. À mesure qu'on chauffe le pétrole, les différents éléments s'en échappent selon leur point d'ébullition. On récupère donc en premier les plus volatiles, alors que la partie plus lourde donne les huiles et les graisses. Entre les deux se trouve l'essence.

La dernière étape consiste à distribuer tous ces produits aux détaillants. Par camion et par train, les carburants sont envoyés dans les stations-service du pays, qui doivent respecter de nombreuses règles dictées par des **contremaitres installateurs en équipements pétroliers**. On achemine aussi certains des hydrocarbures isolés vers des usines qui créent toutes sortes de produits : fibres synthétiques, engrais, plastiques, cosmétiques...

Un **hydrocarbure** est un composé contenant principalement des atomes de carbone et d'hydrogène, souvent sous forme de chaîne. Le nom de l'hydrocarbure dépend du nombre d'atomes de carbone. Un atome : méthane ; trois atomes : propane ; huit atomes : octane, etc.

Des produits dérivés du pétrole

LES FIBRES SYNTHÉTIQUES

LES CARBURANTS

LES CAOUTCHOUCS

LES FIBRES SYNTHÉTIQUES

Elles rivalisent avec la soie, le duvet et autres fibres naturelles

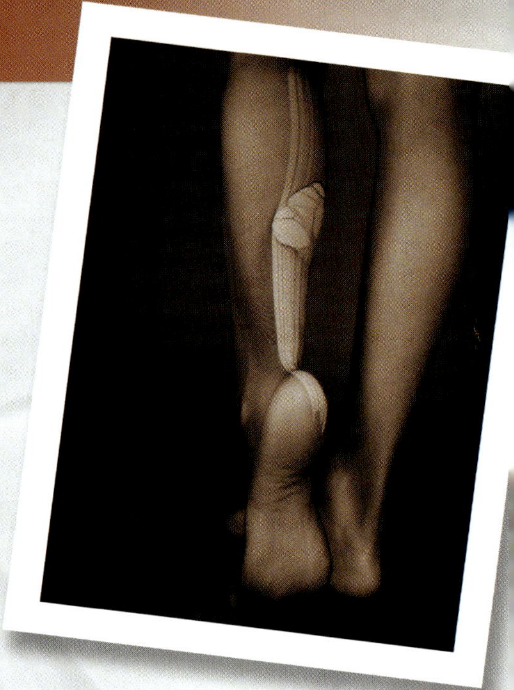

« Ta sœur se prépare pour son bal. Dans sa belle robe, elle est un peu nerveuse... Malheur ! En frôlant une vieille chaise de bois, elle accroche son bas de nylon et y fait une grande déchirure. Pas de panique : elle en sort une nouvelle paire de son tiroir. Elle disparaît deux minutes dans la salle de bain, puis revient avec des jambes impeccables. Ni vu, ni connu, sans même se soucier du prix ! »

Pour nos arrière-grands-mères, ce petit incident était plus grave. Les bas étaient faits de soie, un tissu luxueux importé du Japon. Briser ses bas lors d'une soirée était un petit drame, car on n'en avait souvent qu'une seule paire.

Tout change en 1940, année où DuPont de Nemours, une entreprise américaine de chimie, commercialise le nylon, la première fibre synthétique. Cinq millions de paires de bas nylon se vendent dès la première journée.

Avec le nylon, les **techniciens en recherche et développement textile** ont inauguré un tout nouveau domaine scientifique, intimement lié au pétrole : celui des polymères, ces substances composées de longues chaînes de molécules. Les métiers de **monteur de machines textiles** et d'**opérateur de métiers à tisser** ont été transformés à jamais.

L'**opérateur de métiers à tisser** rattache le fil qui s'est cassé.

Le **monteur de machines textiles** s'assure du bon fonctionnement des équipements. C'est pourquoi on l'appelle aussi le mécanicien !

UN PEU D'HISTOIRE...

L'origine du mot « nylon » est incertaine. Certains avancent qu'il rassemble les villes New York (NY) et Londres (LON). D'autres croient que c'est la combinaison des mots anglais (*vi*)*nyl* et (*cot*)*on*. D'autres encore y voient les initiales des conjointes de cinq des **chimistes** qui l'ont mis au point : Nancy, Yvonne, Louella, Olivia et Nina.

Un polymère est un peu comme un train : chaque molécule est la répétition d'une multitude d'unités (les wagons), attachées bout à bout en une longue chaîne. Le mot polymère signifie « plusieurs parties ». Les polymères ont souvent un nom qui commence par *poly-*. Ainsi le polystyrène est fait de plusieurs molécules de styrène, un composé simple tiré du pétrole.

© Comité sectoriel de main-d'œuvre de l'industrie textile du Québec

Les superviseurs de laboratoire textile soumettent les tissus à de nombreux tests.

Une fois qu'un polymère est créé chimiquement sous forme liquide, on peut lui donner la forme qu'on veut. En séchant, il durcit et garde cette forme. Pour obtenir des fibres, il suffit aux **technologues des textiles** de faire sortir le polymère liquide par de fines filières, comme du dentifrice hors de son tube. Le fil se solidifie au contact de l'air et peut être enroulé, tissé ou tricoté, comme les fibres naturelles. Peu importe de quelle fibre il est fait, tout nouveau textile passera d'abord par le laboratoire des **superviseurs de laboratoire textile** qui vérifieront s'il possède toutes les caractéristiques essentielles à l'usage pour lequel il est destiné. Et ces usages sont nombreux !

À TOUTES LES SAUCES !

Le polytétrafluoroéthylène (PTFE), aussi appelé « Téflon », sert à enduire les poêles antiadhésives. On le trouve aussi dans un textile, non pas en fibres, mais en membrane : le Gore-Tex. Percée de pores 20 000 fois plus petits qu'une goutte d'eau, mais 700 fois plus grands qu'une molécule d'eau gazeuse, la membrane laisse sortir la transpiration gazeuse (respirabilité), mais stoppe l'eau liquide (imperméabilité).

FIBRES SYNTHÉTIQUES CÉLÈBRES

Les *polyamides* ont des unités réunies par des liens entre des atomes de carbone et d'azote. Par exemple : le nylon et la fibre d'aramide (*Kevlar*). Il existe aussi des polyamides naturels : la soie, la laine, les cheveux, les plumes, etc.

Le *polyester* est la fibre synthétique la plus produite. On en fait des vêtements, des toiles de tente, des cordages, mais aussi des bouteilles de plastique et des bandes magnétiques.

Le *polyuréthane* peut être très élastique. On en fait l'élasthanne (*Lycra*) des vêtements de sport, mais aussi les roues des planches à roulettes et des patins à roues alignées.

Les fibres de *polypropylène* servent à tisser les sous-vêtements de plein air isolants. L'Australie et d'autres pays les utilisent dans la fabrication de leurs billets de banque.

LES CARBURANTS

De l'énergie liquide : essence, diesel, kérosène, mazout, naphte...

« Pendant une promenade en mobylette, tu arrêtes à la station-service pour faire le plein. Des voitures et des camions vont et viennent. Un avion traverse le ciel. Comme pour ton bolide, on a dû remplir le réservoir de tous ces véhicules, te dis-tu, mais pas avec les mêmes carburants. Tu revisses le bouchon en te demandant ce qui les différencie. »

En 1846, le **géologue** canadien Abraham Gesner a été le premier à produire un liquide d'éclairage à partir du charbon, puis du pétrole. Baptisé « kérosène », ce liquide économique a alors remplacé l'huile de baleine dans les lampes à l'huile. Les travaux de Gesner sur les hydrocarbures ont fait de lui un pionnier de l'industrie pétrochimique moderne. Le kérosène est encore utilisé aujourd'hui, principalement en aviation, mais on produit aussi toutes sortes d'autres carburants à partir du pétrole.

En raffinerie, la distillation du pétrole qui permet l'isolation des différents produits est contrôlée par les **techniciens en procédés chimiques**. Les hydrocarbures les plus légers sont recueillis sous forme gazeuse : méthane, éthane, propane, butane, etc. On les utilise surtout comme combustible pour la cuisson et le chauffage. Viennent ensuite les liquides, dont le naphte. Celui-ci peut notamment être utilisé à son état pur comme combustible dans les réchauds de camping. Toutefois, après avoir subi quelques étapes de raffinement, il peut se transformer en des essences de qualité variable. Les hydrocarbures plus lourds produiront le *kérosène*, pour les avions, et les suivants donneront le *diesel*, surtout utilisé pour les camions et les tracteurs. Le liquide le plus lourd est le *mazout*, qui sert principalement au chauffage domestique.

© Jacques Pharand

Ouvrir les vannes, ajuster les températures, etc. : quelques tâches du technicien en procédés chimiques se font à l'aide de panneaux de contrôle, mais il sort souvent à l'extérieur pour vérifier les colonnes de distillation, les pompes, les moteurs...

L'ingénieure chimiste effectue une tournée quotidienne des équipements à l'extérieur de la raffinerie.

Cette simple distillation fournit cependant peu d'essence. Pour en obtenir davantage, on traite chimiquement et thermiquement les hydrocarbures plus lourds pour les « casser » et obtenir des molécules plus petites. C'est une étape que les ingénieurs chimistes appellent « craquage thermique ». D'autres traitements chimiques permettent de réduire la teneur en soufre et de rendre les carburants moins polluants.

Tous ces carburants liquides fournissent de l'énergie en brûlant. Théoriquement, un litre d'essence devrait pouvoir faire parcourir 33 kilomètres à une voiture de 1 000 kg. Cependant, à cause de la friction dans l'air, dans les roues, entre les pneus et la chaussée, dans le moteur lui-même et dans tout le système de transmission, qui s'ajoute aux pertes d'énergie par la chaleur, même les voitures les plus économiques parcourent à peine 18 kilomètres avec chaque litre d'essence. C'est tout de même le meilleur rendement connu, mieux que n'importe quelle pile électrique par rapport à son poids.

La performance énergétique des hydrocarbures ne doit pas faire oublier leur triste bilan environnemental. Leur combustion par l'oxygène produit de l'énergie et de la vapeur d'eau, mais aussi beaucoup de gaz carbonique (CO_2), selon la formule chimique suivante :

$$\text{Hydrocarbures (C et H)} + O_2 \longrightarrow CO_2 + H_2O + \text{Énergie}$$

Un kilo d'essence, en brûlant avec de l'oxygène, libère plus de 3,3 kilos de gaz carbonique dans l'air, sans oublier plusieurs autres produits toxiques à base de soufre ou de mercure, de même que du monoxyde de carbone, un gaz très nocif. Les essences contenaient autrefois des additifs à base de plomb, qui ont heureusement été bannis au Canada. L'essence d'aujourd'hui se vend maintenant sans plomb et on s'en porte mieux.

L'INDICE D'OCTANE

Les essences vendues par les détaillants sont un mélange de plusieurs dizaines d'hydrocarbures. En laboratoire, on analyse leur combustion pour leur attribuer un indice d'octane. Une essence 95 se comporte comme si elle contenait 95 % d'octane (bon pour le moteur) et 5 % d'heptane (plus nuisible, car il détone en brûlant et use le moteur).

LES CAOUTCHOUCS

Ça donne du rebond !

« Tes nouvelles chaussures de course sont géniales ! Leur semelle de caoutchouc absorbant amortit les chocs et te donne du rebond à chaque foulée. Tu te sens sur un coussin d'air et leur légèreté et leur souplesse te les font presque oublier... »

Le caoutchouc fait partie de nos vies, et de façon parfois intime*: la tétine du biberon de ta nouvelle petite sœur, les gants aseptisés de ton dentiste, tes lunettes de natation, les pneus de la voiture de tes parents.

On doit le caoutchouc d'aujourd'hui, composé de caoutchouc naturel et de produits dérivés du pétrole, au fruit de la recherche des **ingénieurs chimistes en recherche** et des **technologues en génie chimique**, mais il n'en a pas toujours été ainsi. Le caoutchouc original est naturel et provient d'un arbre d'Amérique latine appelé « hévéa ». Les Autochtones entaillaient son écorce pour en recueillir le latex, une substance blanche laiteuse qui coagule en séchant. Le mot « caoutchouc » vient d'ailleurs des mots quechua *cao,* « bois », et *tchu,* « qui pleure ».

Les Européens qui arrivèrent en Amérique du Sud au XVe siècle furent bien intrigués par ce matériau rebondissant utilisé par les peuplades locales pour fabriquer des balles, imperméabiliser les chaussures et les toiles, etc. Les Espagnols l'adoptèrent rapidement, mais ses performances les décevaient. Il devenait très dur par temps froid et pouvait carrément fondre par une journée chaude d'été. De plus, vu sa nature organique, sa décomposition dégageait rapidement de mauvaises odeurs.

* L'imperméabilité du caoutchouc, même à faible épaisseur, a permis d'en faire une barrière contraceptive efficace : le condom. Comme il retient tous les fluides naturels, le condom peut aider à prévenir une grossesse, mais aussi à stopper les bactéries et les virus transmis sexuellement, comme nous l'enseignent assez tôt les **infirmiers scolaires**. Les Égyptiens en confectionnaient en intestin de mouton, il y a 5 000 ans. Au Xe siècle, les Chinois utilisaient du papier de soie huilé, et au XVIIe, Louis XIV en portait en soie et en velours... Maintenant, les gens allergiques au latex peuvent revenir au boyau d'animal ou opter pour la dernière technologie, le duron, un polyuréthane particulièrement résistant malgré sa minceur.

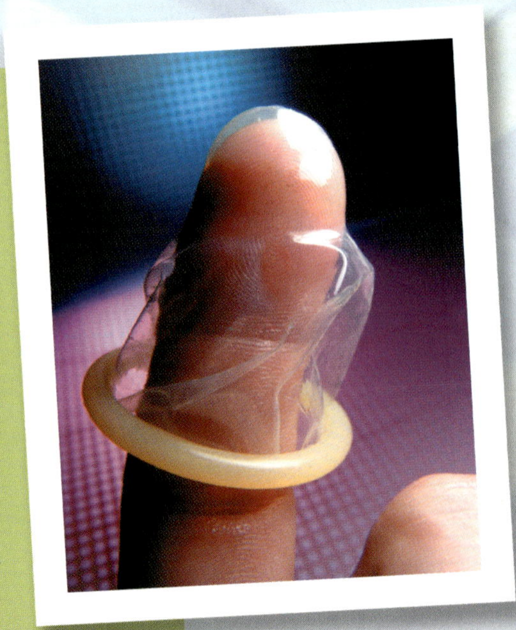

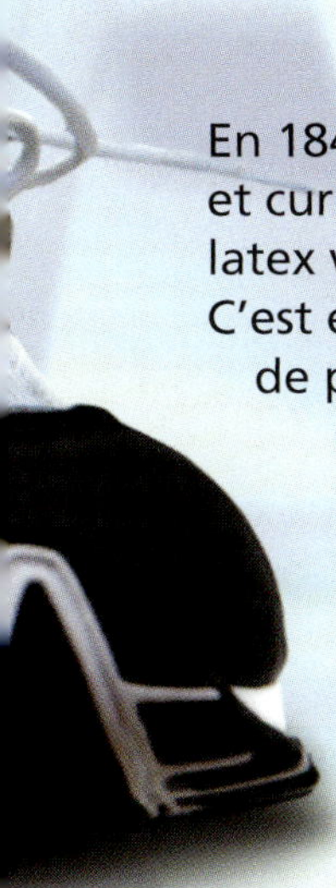

En 1841, l'Américain Charles Goodyear règle ces problèmes. Inventif et curieux, il met au point la vulcanisation, un procédé qui rend le latex vraiment élastique pour faire un caoutchouc digne de ce nom. C'est en son honneur que fut nommée la compagnie Goodyear, figure de proue de l'industrie du caoutchouc, qui emploie depuis 1898 de nombreux **techniciens en procédés chimiques**.

Les polymères du caoutchouc naturel sont comme des spaghettis moléculaires : ils glissent les uns sur les autres. La vulcanisation consiste à ajouter du soufre au caoutchouc et à le chauffer. On crée alors des liens entre les polymères et il se forme un réseau rigide tridimensionnel. La vulcanisation permet donc aux objets en caoutchouc de conserver leurs formes initiales, peu importe la température ou les chocs. Les objets sont façonnés à base de caoutchouc sous forme liquide, par les **opérateurs de machine à transformer le caoutchouc**.

© Produits American Biltrite

Dans le département de recherche et développement, le technicien en procédés chimiques teste un nouveau produit renforçant.

© Bridgestone-Firestone

Pour s'assurer de l'uniformité de chacun des pneus, le mouliste inspecte régulièrement les moules et les répare s'il le faut.

De nos jours, on sait faire du caoutchouc entièrement synthétique à partir du pétrole. Le polyuréthane et le néoprène sont deux types de caoutchoucs artificiels. Les **chimistes** obtiennent le premier en liant des molécules d'uréthane, alors que le second est fait de molécules de chloroprène.

Mais le caoutchouc naturel aura toujours sa place. De nombreux objets en contiennent toujours, comme les pneus des voitures qui sont naturels à plus de 50 %.

Ces polymères, qu'ils soient naturels ou synthétiques, sont qualifiés d'élastomères, à cause de leurs propriétés élastiques. Pour obtenir un caoutchouc fiable, il faut mélanger ces élastomères à d'autres substances : des produits renforçants, des huiles, des agents de protection, des colorants, etc.

Un polymère synthétique non élastique est qualifié de « matière plastique ». Cette matière est souvent aussi moulée par des **manœuvres à la fabrication du plastique** et par des **opérateurs de machines à mouler les matières plastiques** dans des moules fabriquées par des **moulistes**.

LE MOT DE LA FIN !

Dans l'actualité québécoise, il est souvent question du prix de l'essence, qui monte régulièrement, et des possibilités d'une rupture des stocks de pétrole dans les prochaines décennies. On ne réalise pas toujours, cependant, que l'épuisement des réserves de pétrole amènera la rareté, non seulement des carburants, mais aussi de toute une panoplie d'objets usuels, qui sont faits de plastique, de caoutchouc et d'autres produits dérivés du pétrole. De la gomme à effacer au boîtier de plastique de l'ordinateur, en passant par le verre en mousse de polystyrène, on en trouve partout. Des pistes sont explorées pour développer des voitures sans essence, mais comment remplacera-t-on tous ces biens courants ? Grâce à la récupération et à la réutilisation ? Seule la recherche soutenue y parviendra peut-être…

Métiers et professions

LA PÉTROCHIMIE

Ils *hydrocarburent* aux polymères !

DERRIÈRE CHAQUE

VOITURE HYBRIDE

IL Y A...

Une innovation scientifique :

L'énergie électrique

P. 68 et 69

L'électricité partout

Les alternateurs... P. 70 et 71

La bio-électricité... P. 72 et 73

Les éclairs... P. 74 et 75

La voiture hybride

Elle peut choisir sa source d'énergie !

« En pleine heure de pointe, tu marches sur le trottoir, presque à la même vitesse que les voitures. À une intersection, tu remarques que la première voiture immobilisée ne dégage aucun gaz d'échappement et que son moteur est arrêté. Elle ne semble pas en panne, car le conducteur attend au volant. *Il va redémarrer son moteur d'un instant à l'autre*, te dis-tu en attendant le feu vert. Mais lorsque la voiture repart, c'est dans un silence presque total. C'est une voiture hybride ! »

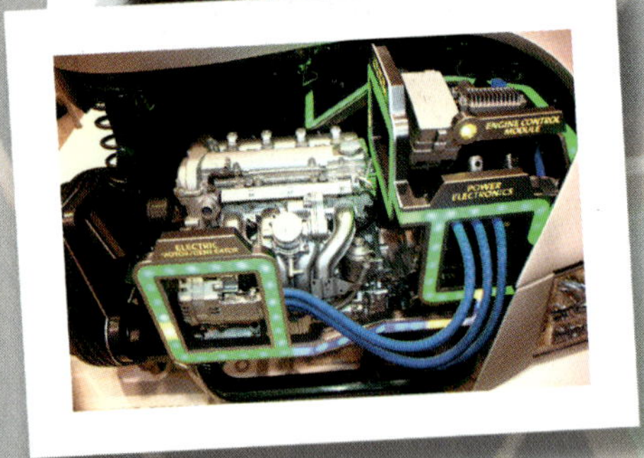

On est bien loin des premiers modèles T de Ford. Pétaradantes et fumantes, ces anciennes voitures consommaient en 1908 une dizaine de litres d'essence aux 100 kilomètres. Aujourd'hui, les voitures du même poids consomment entre six et sept litres pour la même distance. Aussi faible soit-elle, cependant, toute consommation d'essence est polluante et dégage plusieurs produits chimiques (voir **Pétrochimie**), dont du dioxyde de carbone (CO_2) qui, d'après de nombreux écologistes et climatologistes, contribue à l'effet de serre mondial et au réchauffement graduel de notre planète.

L'idéal serait une voiture puissante entièrement électrique. Silencieux et non polluants (pourvu que l'électricité ne provienne pas d'énergies fossiles), les moteurs électriques d'aujourd'hui offrent des performances respectables et sont faciles d'entretien. De plus, lorsque la voiture est immobile, un moteur électrique n'a pas besoin de continuer à tourner, ce qui réduit davantage la consommation d'énergie. Le problème, c'est le stockage de l'énergie. La technologie actuelle ne rivalise pas encore avec l'essence car, pour une même autonomie, le poids des batteries dépasse de beaucoup celui d'un plein d'essence.

C'est pourquoi des équipes formées d'ingénieurs électriciens, d'ingénieurs mécaniciens, de technologues en génie électronique et de technologues en génie électrique tentent d'allier les avantages des moteurs électriques à ceux des moteurs

L'ingénieure mécanicienne peut se spécialiser dans la fabrication, le bâtiment, le génie conseil, participer à la fabrication d'un savon à vaisselle ou d'une ZENN...

à essence en créant des voitures hybrides. Au Québec, le premier modèle, offert depuis la fin des années 1990, a été la *Prius* de Toyota, dérivée de l'*Echo*. Au démarrage et au ralenti, c'est le moteur électrique qui est utilisé, mais à haute vitesse, le moteur à essence démarre tout seul et prend le relais. Sur de longs trajets, les batteries se rechargent grâce à des alternateurs (voir **Alternateurs**) et en récupérant l'énergie lors des freinages, grâce à des générateurs. En cas de besoin, les deux moteurs peuvent additionner leurs forces pour faire accélérer la voiture ! Tout ça se déroule sans que le conducteur ait à intervenir : l'électronique à bord s'occupe de tout. Au final, une telle voiture est très économique en essence et permet de parcourir 100 kilomètres avec seulement 4,5 litres.

Pour l'instant, à cause de leurs technologies complexes, les voitures hybrides sont plus chères à l'achat que les voitures équivalentes à essence. De plus, à la fin du cycle de vie de la voiture, les métaux lourds et autres composants toxiques de ses imposantes batteries, s'ils ne sont pas réutilisés ou récupérés de façon adéquate, pourraient être une source de pollution importante. L'avenir de la voiture hybride et de la voiture électrique à 100 % repose avant tout sur la recherche et le développement de batteries légères et performantes. Peut-être le travail effectué par les groupes de recherche sera-t-il un jour assez avancé pour qu'on se débarrasse à tout jamais du moteur à essence !

© Jacques Pharand

Moteurs à combustion, moteurs à injection, moteurs hybrides et bientôt moteurs électriques : pour s'adapter aux nouveaux modèles, le mécanicien d'automobiles doit être curieux !

© istock

Boulonner, visser, serrer, souder, brasser, fixer à l'aide d'outils et d'équipements manuels ou mécaniques différentes pièces, tel est le travail de l'assembleur de véhicules automobiles.

L'AUTO BRANCHÉE

La ZENN « Zero Emission, No Noise » est une petite voiture entièrement électrique assemblée par des assembleurs de véhicules automobiles à Saint-Jérôme, dans les Laurentides. Conçue pour les petits déplacements sur les campus, dans les grandes usines ou les grands studios de cinéma, elle est aussi parfaite pour la ville, grâce à son autonomie d'une cinquantaine de kilomètres. Pour la recharger, une prise murale suffit.

© ITAQ

Zenn Motor Company, le fabricant de la Zenn, et l'Institut du transport avancé du Québec (ITAQ) ont remporté le 1er prix de leur catégorie au prestigieux *Challenge Bibendum*. Paris 2006.

L'ÉNERGIE ÉLECTRIQUE

Des électrons voyageurs

L'électricité est un phénomène naturel inséparable de la matière. Le secret de l'électricité réside dans la structure des atomes. Tel un essaim de mouches noires autour de la tête d'un campeur, un nuage d'électrons tourbillonne autour d'un noyau central. Selon les matériaux, les électrons les plus éloignés du noyau peuvent être plus ou moins facilement détachés de l'atome et s'accumuler sur d'autres atomes.

C'est ce qu'on provoque lorsqu'on frotte un ballon sur des cheveux secs : des électrons sont arrachés aux cheveux et s'accumulent sur le ballon. Les Grecs de l'Antiquité connaissaient déjà cette propriété de la matière, car ils avaient remarqué qu'en frottant de l'ambre jaune, une résine de conifère fossilisée bien connue des géologues et des paléontologues, ils arrivaient à produire de petites étincelles et à attirer de menus objets. Comme l'ambre jaune se nommait « *élektron* » en grec ancien, ce phénomène mystérieux a pris le nom d'« électricité ».

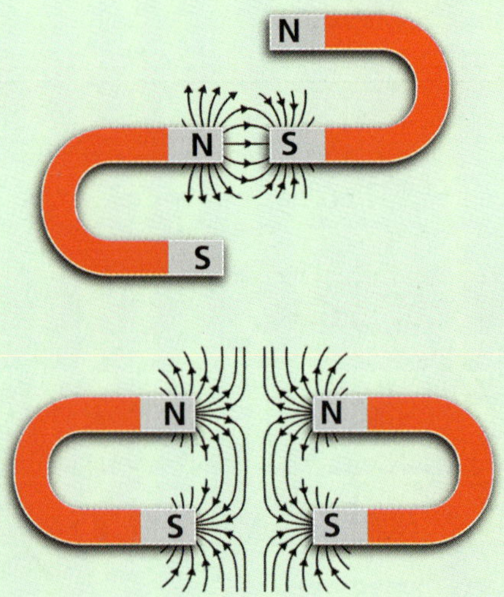

Les physiciens s'aperçurent rapidement qu'un objet qui avait accumulé des électrons attirait fortement un objet qui en avait perdu, et que deux objets chargés d'électrons, au contraire, se repoussaient. Le phénomène ressemble au magnétisme des aimants, dans lequel les pôles Sud et Nord s'attirent, alors que des pôles semblables se repoussent*. On en déduisit qu'il devait exister deux types de charges électriques opposées, que des charges semblables se repoussaient et que des charges différentes s'attiraient. Par convention, on qualifia ces charges de positives et de négatives, et on attribua à l'électron une charge négative. Un ballon frotté sur des cheveux acquiert un surplus d'électrons et se charge donc négativement. Les cheveux, eux, ayant perdu des électrons, sont chargés positivement ; c'est pourquoi ils se repoussent les uns les autres (ils se dressent sur la tête), mais aussi pourquoi ils sont attirés par le ballon. Cette accumulation d'électrons dans un petit endroit s'appelle « électricité statique ».

Le ballon est fait de caoutchouc et les électrons voyagent mal dans ce matériau. Pour cette raison, on le qualifie d'*isolant*. Lorsque des électrons sont accumulés en très grande quantité sur un objet et qu'on l'approche d'un autre objet, il peut se « décharger » subitement de ses électrons. C'est ce que les ingénieurs électriciens et les électriciens appellent un « claquage ». Marcher sur un tapis par une journée sèche peut nous transformer en accumulateur d'électrons. Il suffit ensuite de toucher un ami ou une poignée de porte métallique pour que la décharge, communément appelée « choc » électrique, plus surprenante que douloureuse, se produise. Dans l'obscurité, on peut voir la petite étincelle produite par le passage des électrons.

© R. Rob M. Fergusson, istock

Pour l'électricien, le panneau de distribution électrique, c'est un terrain de jeu!

Pourquoi alors ne se passe-t-il rien lorsqu'on frotte une cuillère de métal sur ses cheveux ? En fait, des électrons sont aussi arrachés par friction, mais comme le métal laisse facilement passer les électrons à travers lui, ceux-ci retournent dans nos cheveux en passant par notre main et notre bras. Même s'il n'est pas perceptible, ce petit circuit constitue un faible courant électrique. Pour sa facilité à laisser passer les électrons, le métal est qualifié de *conducteur*. Nous voici maintenant dans le domaine de l'électricité dynamique, celle des courants électriques et des appareils électriques.

Pour que des électrons circulent dans un fil conducteur, comme un fil de cuivre, il faut générer le courant électrique. On peut se servir d'une pile électrique, qui « pompe » les électrons par des réactions chimiques, mais on peut aussi mettre à profit un autre phénomène naturel : le magnétisme. La Terre, à l'intérieur de laquelle circulent de grandes quantités de métal en fusion, génère un champ magnétique. On peut facilement le détecter à l'aide d'une simple boussole. Lors d'une éruption volcanique, de la roche liquide s'écoule à l'air libre. Les atomes métalliques qu'elle contient s'alignent sur le champ magnétique terrestre, comme l'aiguille d'une boussole. En durcissant, ces atomes peuvent figer dans cette direction et la roche refroidie a alors son propre champ magnétique. C'est ainsi que des minéraux, comme la magnétite, peuvent être des aimants naturels. Les aimants artificiels sont créés par la friction de l'acier sur un aimant naturel.

L'électricité et le magnétisme sont intimement liés et l'un provoque souvent l'autre. Ainsi, un long fil enroulé sur lui-même pour former une bobine sera automatiquement parcouru d'un courant électrique (un déplacement d'électrons) si l'on fait tourner un aimant dans la bobine ou autour d'elle. C'est le principe du générateur. À l'opposé, si l'on fait passer un courant dans la même bobine (à l'aide d'une pile, par exemple), elle génère spontanément un champ magnétique qui peut attirer les métaux. C'est le principe de l'électroaimant. La même bobine peut donc à la fois servir à générer de l'électricité en présence d'un champ magnétique (l'aimant) ou générer inversement un champ magnétique en présence d'électricité. Elle permet la transformation de l'un en l'autre. Un petit moteur jouet permet de vérifier ce fait : en le branchant, on le fait tourner, mais en le faisant tourner manuellement assez vite, on produit de l'électricité.

En réalité, l'énergie électrique est toujours obtenue par la conversion d'une autre forme d'énergie : mécanique, chimique, thermique, solaire, etc. Comme le disait Lavoisier, chimiste français du XVIIIe siècle : « Rien ne se perd, rien ne se crée, tout se transforme. »

L'électricité partout...

LES ALTERNATEURS

LA BIO-ÉLECTRICITÉ

LES ÉCLAIRS

À cause de son champ magnétique, la Terre est perçue par les géophysiciens tel un gros aimant. Comme ce champ est le résultat des mouvements du magma interne, et que ceux-ci sont un peu chaotiques, les pôles Nord et Sud se déplacent d'environ 40 kilomètres par année ! Alors qu'il se situe présentement dans les eaux canadiennes, le pôle Nord magnétique devrait passer chez les Russes aux environs de 2055. Le pôle géographique, lui, qui est en fait l'axe de rotation de la Terre, ne bouge évidemment pas !

Le géophysicien enregistre et étudie les mouvements sismiques à l'aide de nombreux appareils spécialisés.

LES ALTERNATEURS

Des bobines et des aimants?

« Dans le grenier de la vieille maison familiale, ton père a retrouvé son premier vélo. Avec son cadre rouge, ses garde-boue et ses pneus à flancs blancs, il a encore fière allure et tu te dis qu'un petit tour à l'atelier suffirait à le remettre en état. Tu remarques qu'il y a une petite dynamo contre le pneu avant, reliée à une lampe sur le guidon. Curieux, tu fais un petit essai: elle fonctionne encore! »

Les méthodes pour produire de l'électricité ne sont pas très nombreuses et la plus utilisée est certainement l'alternateur. En gros, comme pour une dynamo de vélo, un alternateur est un appareil rotatif qui doit être activé par une énergie mécanique pour tourner. À l'intérieur, une bobine de fil conducteur (le rotor) tourne au centre d'une série d'aimants disposés en cercle (le stator), ce qui engendre un courant électrique.

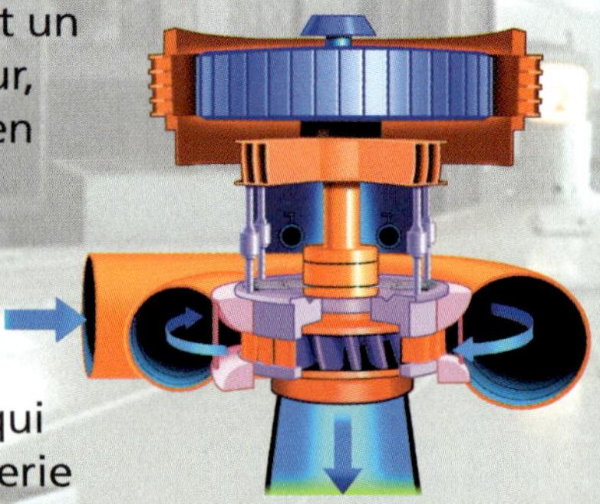

Le principe est à peu de choses près toujours le même; ce qui change, c'est la source d'énergie mécanique pour faire tourner l'alternateur. Les amateurs de camping « organisé » connaissent les génératrices à essence, dans lesquelles un moteur à explosion fait tourner le rotor de l'alternateur. Les voitures comportent aussi un alternateur, qui utilise une partie de l'énergie du moteur pour charger la batterie qui sert à faire fonctionner la radio, le dégivreur de lunette arrière et les phares, et à redémarrer le moteur lorsqu'on veut repartir.

© Hydro-Québec

L'**opérateur d'installation de centrale hydroélectrique** veille à ce que les tensions et charges du réseau ne dépassent pas les limites prescrites.

Dans les grandes centrales électriques, les alternateurs sont bien plus gros. Pour produire les milliers de mégawatts d'énergie des complexes hydroélectriques, les **opérateurs d'installation de centrale hydroélectrique** font passer l'eau, accumulée derrière le barrage, dans des turbines de dizaines de mètres de diamètre, qui font tourner des alternateurs tout aussi gros. Ces barrages sont construits dans des endroits stratégiques qui permettent un bon dénivelé d'eau. Le milieu s'en trouve bouleversé; c'est pourquoi la décision de les aménager est prise en consultant des firmes d'ingénierie qui font équipe avec des **technologues en hydrologie**, des **écologistes**, des **agents de conservation de la faune** et d'autres spécialistes de l'environnement.

© Hydro-Québec

© Hydro-Québec

L'énergie éolienne est de plus en plus populaire chez nous. De grands parcs éoliens sont en pleine construction dans les régions venteuses de la Gaspésie et du Bas-Saint-Laurent. Il s'agit encore du même principe : au sommet de chaque grande éolienne se trouve un alternateur que le vent fait tourner et qui produit l'électricité pour plusieurs maisons.

Dans d'autres pays, on se tourne vers l'énergie thermique. En gros, on fait bouillir de l'eau et cette vapeur d'eau sous pression fait tourner les pales des turbines et active les alternateurs. La chaleur nécessaire pour cette ébullition vient généralement des combustibles fossiles : charbon, pétrole, gaz naturel, etc., avec les émanations polluantes qu'on leur connaît. Il est également possible de chauffer l'eau par l'énergie géothermique, c'est-à-dire en utilisant la chaleur naturelle de l'intérieur de la Terre, et par l'énergie nucléaire, en partie redoutée à cause de ses déchets radioactifs. Les **ingénieurs en sciences nucléaires** conçoivent des installations de plus en plus sûres et les **technologues de centrale nucléaire** ont à leur disposition des moyens sécuritaires pour disposer de ces déchets.

Le monteur de lignes de distribution d'électricité cherche la cause des pannes.

À partir des centrales où l'électricité est produite, des **technologues d'essais électriques** s'assurent qu'elle est acheminée sans risque vers les usagers le long de milliers de kilomètres de câbles conducteurs. Ces lignes, qui atteignent parfois de très hautes tensions, sont installées par des **monteurs de lignes de production d'électricité** et des **monteurs de lignes de distribution d'électricité**.

Une des avenues les moins explorées à grande échelle est celle de l'énergie solaire. Des panneaux dits photovoltaïques peuvent convertir l'énergie lumineuse du Soleil en électricité, mais la technologie n'est pas encore tout à fait satisfaisante et des développements restent encore à faire dans ce domaine.

Le monteur de lignes de production d'électricité installe des câbles de haubanage.

LA BIO-ÉLECTRICITÉ

Nos corps survoltés !

« Aujourd'hui, ton cours d'éducation physique est plutôt spécial. Des étudiants universitaires en sciences de l'activité physique sont sur place pour faire des tests. Ils veulent de l'information sur l'activité cardiaque des adolescents. Tu te portes volontaire pour courir sur le tapis roulant, mais d'abord, ils placent quelques électrodes sur ton torse pour détecter l'activité électrique de tes cellules! »

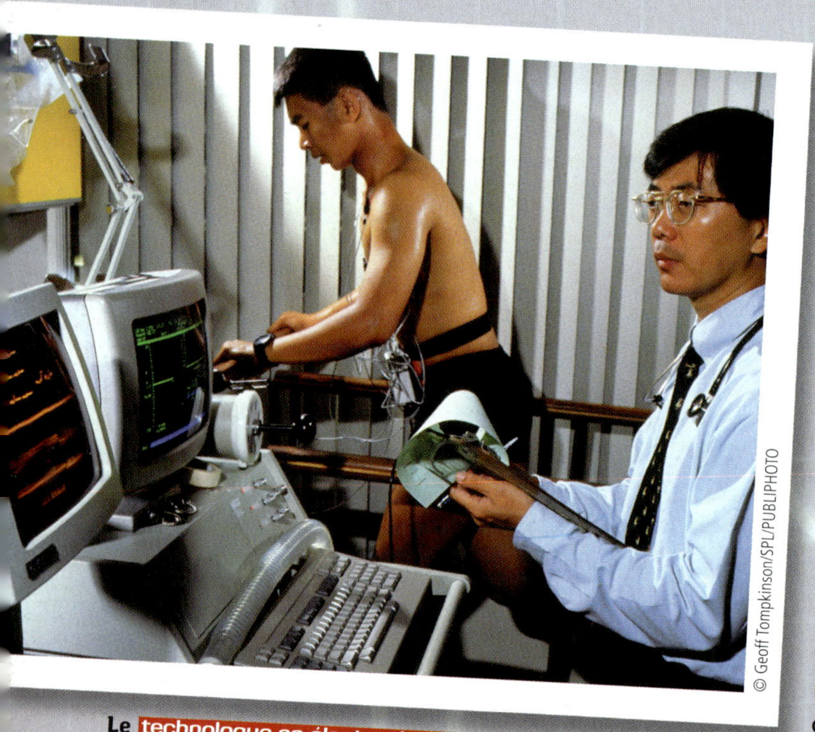

© Geoff Tompkinson/SPL/PUBLIPHOTO

Le technologue en électrophysiologie médicale évalue la capacité cardiaque d'un patient à l'aide de l'électrocardiogramme.

Les **cellules** des humains, comme le savent les **technologues en électrophysiologie médicale**, ont la capacité d'accumuler des charges électriques à la surface de leur paroi. Chacune d'elles contient dans sa membrane des centaines de petites pompes spécialisées pour faire sortir des ions de sodium (Na^+) de la cellule et y faire entrer des ions de potassium (K^+). Comme la membrane empêche les Na^+ de rentrer, mais laisse les ions K^+ ressortir, une charge positive s'accumule à l'extérieur de la membrane. Un peu comme le ballon qu'on a frotté sur ses cheveux, on se retrouve avec des charges opposées accumulées de part et d'autre de la membrane. On parle alors de potentiel électrique.

Toutes les cellules du corps demeurent dans cet état de déséquilibre électrique continu. Certaines d'entre elles, cependant, les cellules nerveuses (neurones) et les cellules musculaires (myocytes), sont spécialisées pour faire varier leurs potentiels membranaires. Un influx nerveux, qui part du cerveau pour se rendre à un orteil, commence par la modification du potentiel à la surface d'un neurone. Cette variation se propage comme une vague tout le long du neurone, puis dans le neurone suivant, et ainsi de suite jusqu'au muscle de l'orteil, qui se contracte alors. Dans le cas des cellules musculaires, la variation du potentiel électrique fait varier la configuration de longues protéines fibreuses, ce qui les rapproche les unes des autres et provoque la contraction. Notre organisme est constamment parcouru de messages électriques de ce type.

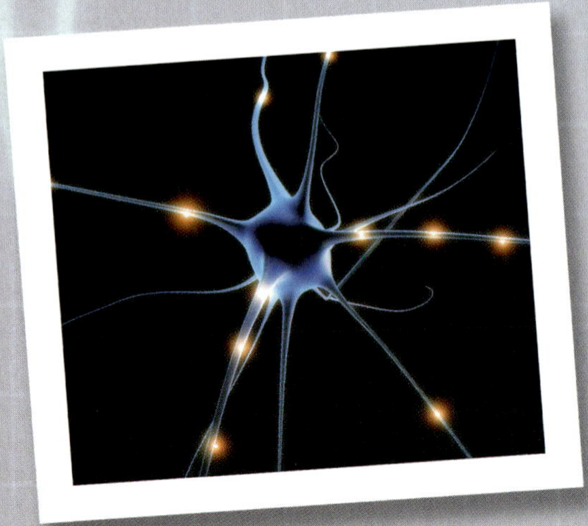

Les êtres vivants sont constitués de **cellules**, les unités fondamentales de la vie. Un humain adulte contient 220 types de cellules différents.

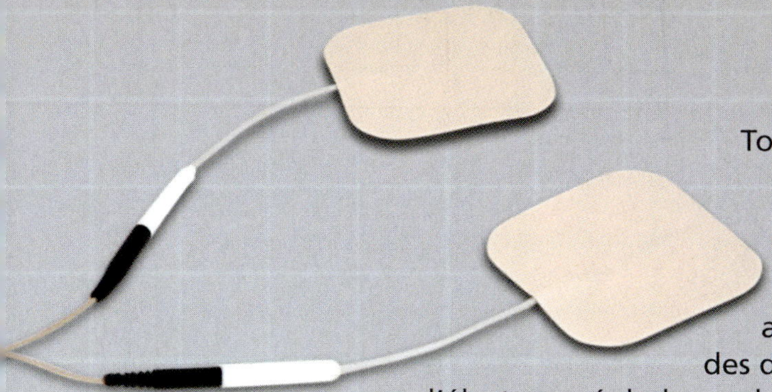

Toute cette activité électrique peut être perçue par des appareils très sensibles. Avec quelques électrodes placées sur le torse par les **techniciens en cardiologie**, un électrocardiographe permet d'étudier l'activité musculaire du cœur. Comme celui-ci n'est en fait qu'un gros muscle, les variations électriques qui accompagnent ses battements peuvent être captées et révéler des détails importants sur la santé cardiaque. De la même façon, l'électroencéphalographe permet aux **techniciens en neurologie** de mesurer l'activité du cerveau en plaçant des électrodes sur le crâne.

Certains animaux ont des organes électriques encore plus spécialisés. Les ornithorynques, de même que plusieurs espèces de requins, ont le bout du nez sensible aux champs électriques émis par les autres êtres vivants et arrivent ainsi à détecter leurs proies dans les sédiments du fond. Les organes électriques les plus spectaculaires sont ceux de certains poissons, qui peuvent provoquer des décharges électriques de plusieurs centaines de volts et tuer une proie ou assommer un prédateur. L'anguille électrique, par exemple, possède dans sa longue queue des organes électriques. Les **ichtyologistes** ont découvert qu'il s'agit en fait de muscles modifiés. Ceux-ci ne peuvent plus se contracter, mais peuvent très rapidement augmenter les transferts d'ions de part et d'autre de la membrane de leurs cellules. Cela crée une différence de charges entre la tête et la queue de l'animal, qui peut atteindre 600 volts chez les plus grands individus. Cette différence de potentiel crée une telle décharge électrique dans l'eau qu'elle suffirait à assommer un cheval. Heureusement pour l'anguille, sa peau épaisse est isolante et l'empêche de s'électrocuter elle-même, mais les **techniciens en santé animale** qui s'occupent d'elle à l'aquarium doivent prendre leurs pécautions !

Ironie du sort ! Pour étudier capturer et immobiliser les anguilles électriques, à des fins d'études, les ichtyologistes utilisent... une décharge électrique !

Le technicien en santé animale peut travailler dans différents milieux et avec une très grande diversité d'animaux !

LES ÉCLAIRS

Colère divine ou friction entre nuages?

« Enfin l'été! C'est la saison des vacances, du soleil... mais aussi des gros orages! En voilà justement un qui est drôlement puissant. Les éclairs illuminent la nuit pendant de longues secondes et le claquement du tonnerre se fait entendre presque tout de suite après. La foudre tombe vraiment tout près! Au petit matin, tu constates que le grand chêne du bout de la rue a été frappé de plein fouet et qu'il n'en reste plus que la moitié debout. »

© Météomédia

Le **météorologiste** analyse les images satellites et radars afin de suivre le développement et l'évolution des cellules orageuses.

Nos ancêtres de la préhistoire étaient probablement effrayés par la foudre. En même temps, cependant, ils la vénéraient peut-être lorsqu'elle leur permettait de tirer quelques braises d'un arbre carbonisé. Dans la mythologie grecque, le grand Zeus lui-même avait un faible pour les éclairs et exprimait son courroux de temps à autre en les lançant à la tête des humains. Ce n'est que depuis deux siècles qu'on comprend suffisamment l'électricité pour expliquer ce phénomène qualifié autrefois de « divin ».

Pour les **météorologistes**, le ciel est en quelque sorte un gros accumulateur d'électricité statique. Les différents mouvements entre les nuages et à l'intérieur de ceux-ci déplacent une foule de particules, de poussières, de cristaux de glace. S'ils sont déjà chargés électriquement, ou s'ils se chargent par friction, des zones de potentiels électriques différents se créent dans le ciel. Pour retrouver l'équilibre électrique, des échanges d'électrons doivent se produire. C'est à ce moment que survient l'éclair. Il peut se produire entre deux nuages, entre deux zones chargées différemment d'un même nuage, ou entre un nuage et la Terre.

Ce dernier cas s'explique par le fait qu'un nuage chargé négativement, lorsqu'il est près de la Terre, attire des charges positives dans la zone juste en dessous de lui (les contraires électriques s'attirent). Pour rétablir l'équilibre entre le nuage négatif et le sol positif, une décharge se produit et les électrons traversent le sol à quelque 100 000 km/s (le phénomène est aussi possible avec un nuage chargé positivement qui attire les charges négatives de la Terre). C'est exactement le même principe que lorsque tu électrocutes un ami en le touchant du doigt, mais avec beaucoup plus d'électrons.

L'air est normalement très résistant au passage de l'électricité. Il faut donc que le potentiel électrique atteigne une valeur très élevée (quoique très variable selon les conditions d'humidité et de pression), au moins jusqu'à 100 millions de volts.

Un éclair est très bref, mais très puissant. C'est pourquoi ceux qui atteignent le sol sont dangereux. Comme l'air est un mauvais conducteur, les électrons passent plus facilement par les objets les plus élevés: clochers, arbres, tours, ou même par un humain dans un champ ! Et le passage de tous ces électrons dans un corps génère beaucoup de chaleur et cause des dommages importants par brûlure. C'est pourquoi on installe des paratonnerres sur les immeubles; ces pointes conductrices sont plus élevées et sont reliées au sol par un gros fil conducteur, par lequel l'énergie peut passer sans tout briser. À l'opposé, en cas d'orage, rester dans sa voiture est un excellent choix: même si elle est faite de métal conducteur, le courant ne parcourt sa carlingue qu'en surface, sans affecter les occupants à l'intérieur. Ce phénomène est appelé "cage de Faraday" et est connu depuis 1831!

À tout moment, il y a environ 2000 orages en activité sur la planète, et la foudre frappe le sol et la mer cinq millions de fois par jour. Les anciens dieux grecs étaient décidément de fort mauvaise humeur…

POURRAIT-ON UTILISER L'ÉNERGIE DES ÉCLAIRS?

Ils sont très puissants, mais drôlement courts, ce qui représente somme toute assez peu d'énergie. En supposant que l'on puisse investir des milliards de dollars pour que des **opérateurs en électricité** déploient un réseau géant de paratonnerres et attrapent tous les éclairs qui frappent le territoire québécois (environ 4,5 millions par an), cette énergie partagée parmi nos 7,6 millions d'habitants nous donnerait environ 250 kWh chacun, tout juste l'énergie de quatre ampoules de 100 watts allumées pendant un mois… Et que de travail ça demanderait aux **inspecteurs d'installations électriques** !

LE MOT DE LA FIN!

Il est intéressant de noter qu'en fin de compte, quelle que soit l'énergie mécanique qui est utilisée pour générer de l'énergie électrique, cette dernière n'existerait pas sans le Soleil. C'est lui qui fait évaporer l'eau de pluie qui remplit les barrages, c'est lui qui réchauffe les masses d'air à l'origine des vents, c'est aussi lui qui a fait croître les plantes qui, en se fossilisant, ont donné le pétrole, le charbon et le gaz naturel… Mais d'où vient l'énergie du Soleil ? De réactions nucléaires au cœur de l'étoile. Toute électricité est donc issue d'une lointaine activité nucléaire.

À son arrivée dans les foyers, il y a 125 ans, l'électricité a impressionné chacun et a complètement transformé les modes de vie. De la communication entre satellites à la soudure sous-marine à l'arc, en passant par nos simples lampes de poche, l'électricité est partout. Gageons que ce n'est pas fini et qu'on lui trouvera encore des applications surprenantes !

Métiers et professions

L'ÉNERGIE ÉLECTRIQUE

Ils suivent le courant !

DERRIÈRE CHAQUE

BALADEUR MP3

IL Y A...

Une innovation scientifique:

Les données numériques

P. 80 et 81

Des utilisations variées

Les jeux vidéo...
P. 82 et 83

Les appareils photo numériques...
P. 84 et 85

Internet...
P. 86 et 87

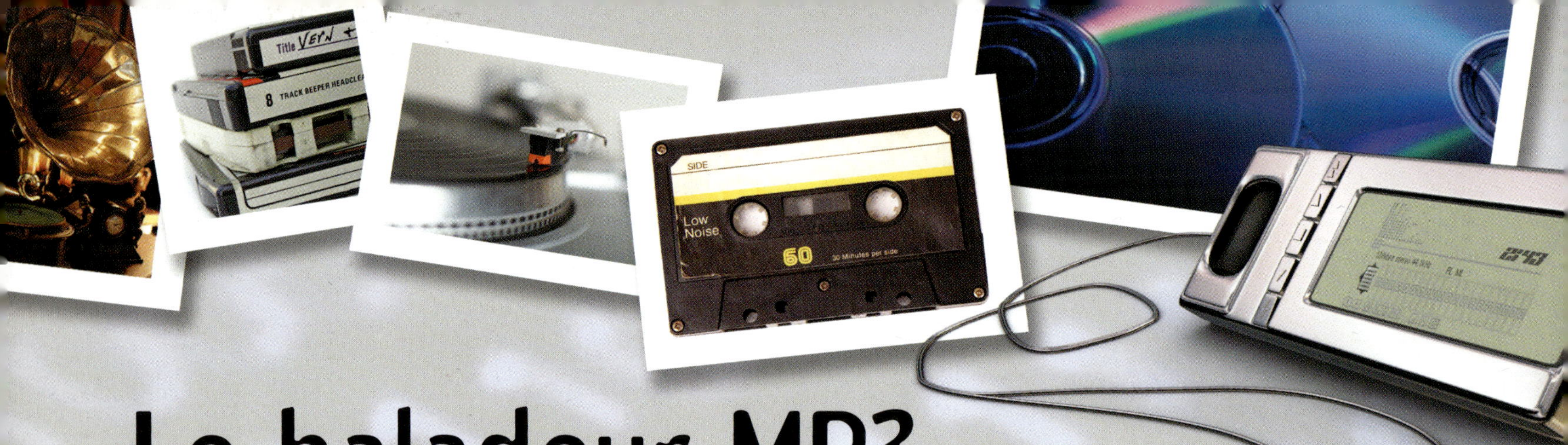

Le baladeur MP3

Ta musique préférée sous la main !

« Comme c'est pratique d'acheter et de télécharger en ligne les albums de tes groupes préférés. C'est moins cher et bien moins encombrant que des boîtiers de disques compacts ! Tu télécharges tes sélections musicales à même ton ordinateur et tu les transfères sur ton baladeur MP3. Selon ton activité, tu choisis ensuite la musique de circonstance. Disons que celle qui te fait danser et celle qui te permet d'étudier dans le calme ne sont pas tout à fait les mêmes... »

Les artistes tentent depuis longtemps de trouver des façons d'enregistrer et de transporter leur musique. Des feuilles perforées permettaient aux pianos automatiques du Far West de jouer tout seuls. Les premiers gramophones lisaient des cylindres de cire. Puis sont venus les disques en vinyle de différents formats. Les bandes magnétiques, le premier support réinscriptible, ont aussi connu un certain succès sous forme de cartouches à huit pistes, puis de cassettes. Vint ensuite le disque optique (voir **Disque Compact**), et nous voici maintenant à l'ère du numérique.

Un disque compact (CD) normal peut contenir jusqu'à 74 minutes de musique. Si cette musique est convertie en une version compressée, comme le format MP3, elle utilise bien moins d'espace. Le CD devient alors un support numérique appelé CD-ROM, qui peut contenir jusqu'à 12 fois plus de musique.

Le **MP3** est une méthode développée par des **ingénieurs en informatique** pour compresser des données afin qu'elles prennent moins d'espace. La magie cependant n'existe pas et, en fait, on élimine une partie de l'information. Heureusement, l'oreille humaine a une capacité de perception limitée. L'auditeur ne s'aperçoit pas de la disparition des sons très graves et très aigus. De même, une légère diminution de la qualité de l'enregistrement passe généralement inaperçue à nos oreilles.

MP3 est l'abréviation de « MPEG-1/2 Audio layer 3 », MPEG étant elle-même l'abréviation de « Moving Picture Experts Group ». La compression MP3 n'est qu'un algorithme parmi plusieurs autres qui sont dédiés à l'audionumérique. Comme quoi, l'informatique a aussi son jargon…

Autrement dit, le MP3 stocke la musique de façon très compacte, tout en conservant une qualité sonore acceptable. Tout cela se fait par ce qu'on appelle des algorithmes, des procédés mis au point par des **mathématiciens**, que l'ordinateur applique à la pièce musicale pour diminuer sa taille.

Dès son arrivée, au milieu des années 1990, le format MP3 a permis pour la première fois de transmettre du contenu musical par Internet. Depuis, les grandes vedettes se plaignent de perdre des ventes de disques en magasin. Pour les artistes émergents, pourtant, c'est une vitrine gratuite qui leur permet de se faire rapidement connaître par beaucoup d'internautes sur toute la planète. Il existe d'autres formats de compression de musique (WMA, AAC, etc.), mais le MP3 est, pour l'instant, le plus populaire.

Pour bien accomplir son travail, l'assembleur de matériel électronique doit faire preuve de minutie et d'une grande dextérité.

Pour l'ingénieur en informatique, ce n'est pas le choix qui manque ! Du secteur des télécommunications à celui des entreprises manufacturières, en passant par l'industrie du multimédia, les possibilités de carrières sont vastes !

Au début, on écoutait directement sur son ordinateur les chansons téléchargées. Puis sont venus les baladeurs MP3, qui sont une unité de mémoire équipée du minimum requis pour écouter de la musique : logiciel de lecture, alimentation électrique, contrôle de volume et écouteurs. C'est avec l'arrivée du *iPod* d'Apple et de toutes ses déclinaisons que cette technologie a véritablement connu son envol, à un point tel qu'on prédit la disparition du CD dans les douze prochaines années. Le format MP3 lui-même devrait bientôt être supplanté par des formats plus performants. La diversification des types de lecteurs, et surtout leur miniaturisation obligent les **assembleurs de matériel électronique** et les **monteurs de circuits intégrés** à travailler avec des composants de plus en plus petits. Le stockage de données numériques permet des choses incroyables et la vitesse de son évolution est stupéfiante !

LES DONNÉES NUMÉRIQUES

0010100011110101001010 1001011101101001...

L'**analyste en informatique** prépare les organigrammes généraux et les diagrammes.

Comme son nom l'indique, le numérique utilise des nombres. Tout peut être converti en nombres: du texte, des images, de la musique, des vidéos, etc. Il suffit d'établir un code de conversion pour que tous les fichiers informatiques soient lus sur la majorité des ordinateurs.

Lorsqu'on lance une pièce de monnaie, on obtient deux possibilités: pile ou face. C'est ce qu'on appelle un système binaire. En informatique, on a codifié ces deux possibilités avec un 0 et un 1. Le 0 signifie « non, rien ou éteint », alors que le 1 signifie « oui, tout ou allumé ». Cette logique binaire forme la base de toute l'informatique, des logiciels et du stockage des données.

Pour les **vérificateurs de logiciels et d'applications informatiques**, une information qui peut prendre une valeur de 0 ou de 1 est appelée un « bit » (de l'anglais « binary digit* »). Un tirage à « pile ou face » génère un bit d'information. Mais comme deux possibilités ne suffisent pas, voilà pourquoi les bits ne sont jamais seuls: on les traite en paquets. Huit bits forment un octet et offrent 256 possibilités différentes (2^8). Les chiffres de 0 à 255 peuvent donc être exprimés par un octet et des calculs peuvent être faits avec ces chiffres, comme avec le système décimal, mais selon des règles différentes. Ainsi, 123 devient 01111011.

Pour les nombres supérieurs à 255, il suffit d'augmenter la quantité de bits. Avec 16 bits on peut obtenir 65 536 possibilités. Un ordinateur est donc une machine à manipuler des 0 et des 1. Les solutions logicielles que les **analystes en informatique** créent pour tous les types de besoins doivent donc toujours tenir compte de cette particularité des ordinateurs. Pour une image, la couleur de chaque pixel est définie par trois octets, avec plus de 16 millions de couleurs possibles (voir **Appareils photo numériques**); pour un texte écrit dans notre alphabet, chaque caractère correspond à un octet précis; par exemple, la lettre « a » est exprimée par 11000011 et le signe « + » par 01010110, etc.

Cette façon de procéder permet d'accélérer les calculs avec de très grands nombres et facilite surtout le stockage de l'information, qui devient une simple succession de 0 et de 1, quel que soit le fichier encodé.

* En anglais, le mot *nombre* se dit « digit », d'où le terme « digital » pour le numérique. C'est un anglicisme qu'on ne peut utiliser en français, puisqu'il fait référence aux doigts... Or, nos empreintes digitales ne sont pas numériques!

BIOPUCES

Des recherches sont en cours pour hybrider la technologie informatique avec des neurones d'origine animale, ce qui pourrait encore améliorer les performances. On parlera alors de bio-informatique. Les puces du futur seront partiellement vivantes et devront baigner dans un liquide nourricier!

La mémoire

Les données numériques se mesurent en octets. Un kilo-octet, ou ko, représente 1000 octets (donc 8000 bits). Un mégaoctet, Mo, contient un million d'octets, et un gigaoctet, Go, rassemble un milliard d'octets. Viennent ensuite le téraoctet, le pétaoctet, l'exaoctet, et ainsi de suite.

Les données nécessitent de l'espace de stockage. Une carte mémoire d'appareil photo de 512 Mo peut contenir 512 millions d'octets d'information. Cela représente combien de photos ? Tout dépend de leur qualité. Un lecteur MP3 peut contenir 256 Mo de données ? Cela fait 256 millions d'octets, soit 33 minutes de musique si elle est lue à 128 kilobits par seconde. Si un fournisseur d'accès Internet promet que sa « haute vitesse » offre 7 Mo/s, cela signifie qu'il peut fournir 7 millions d'octets de données par seconde.

Le défi des ingénieurs électroniciens est de concevoir des supports qui offrent le plus d'espace mémoire possible dans le plus petit volume possible. Dans un ordinateur, les assembleurs de matériel informatique installent un disque dur, le support où l'essentiel de la mémoire s'enregistre. Celui-ci est un empilement de petits plateaux d'aluminium, de céramique ou de verre, recouverts d'une couche magnétique (oxyde de fer) sur laquelle s'enregistrent les 0 et les 1. L'ensemble tourne à une vitesse constante de 3600 à 15000 tours par minute. Entre chaque disque s'insère un petit bras mobile, dont l'extrémité se trouve à quelques nanomètres de la surface magnétique. C'est lui qui enregistre les données. Comme le savent les électroniciens d'entretien de matériel informatique, ces pièces sont très précises et fragiles.

Le premier disque dur a été lancé par IBM en 1956 et pouvait stocker 5 Mo de données. Constitué de 50 plateaux de 61 cm de diamètre, l'ensemble occupait l'espace de deux réfrigérateurs et pesait plus d'une tonne. Un disque dur moderne stocke facilement 80 Go de données et a la taille d'une pile de cartes postales épaisse de 2 cm…

Il est bien pratique de pouvoir transporter des données sur un support amovible. Après les disquettes, on utilise aujourd'hui les disques numériques (voir **Disque compact**). Les cartes mémoires, cependant, sont de plus en plus populaires. Appelées communément « clés USB » (du nom du branchement qui permet de les connecter à l'ordinateur, « Universal Serial Bus »), elles contiennent jusqu'à 8 Go de mémoire et ont la taille d'un timbre-poste. Très semblables aux cartes mémoire des appareils photo et aux mémoires des baladeurs audionumériques et des téléphones cellulaires, les clés USB fonctionnent très rapidement, sans pièces mécaniques mobiles (ce qui leur permet de mieux résister aux chocs), avec très peu d'électricité. Les données qu'elles contiennent peuvent être enregistrées puis effacées des milliers de fois.

Des utilisations variées

LES JEUX VIDÉO

LES APPAREILS PHOTO NUMÉRIQUES

INTERNET

Petit lexique du technologue en génie électronique

- **Transistor** : Élément actif de base de l'électronique, petit interrupteur qui laisse passer ou coupe le courant selon les besoins.
- **Microprocesseur** : Partie de l'ordinateur qui exécute les opérations arithmétiques et qui est suffisamment miniaturisée pour tenir sur un circuit intégré. Il peut contenir des millions de transistors.
- **Circuit intégré ou puce électronique** : Ensemble miniaturisé contenant des transistors, des condensateurs, des diodes, etc.
- **Circuit imprimé** : Plaque de résine d'époxy sur laquelle des « sentiers » conducteurs en cuivre sont imprimés. On y regroupe les composantes électroniques pour faire une unité fonctionnelle (p. ex. : une carte vidéo).

© Andrew Howe, istock

Pour réparer un ordinateur défectueux, l'électronicien d'entretien de matériel informatique doit d'abord le démonter.

LES JEUX VIDÉO

À fond la manette !

« Ça y est ! Tu as ta nouvelle console de jeu vidéo ! Ça valait la peine de faire la queue devant la boutique pendant deux jours avec trois bonnes amies et de dormir sur le trottoir ! À vous, maintenant, les quêtes médiévales, les courses de voitures et les combats héroïques... Le réalisme est saisissant, l'action est naturelle, rapide et fluide, on croirait presque observer de vrais acteurs par moments. Elle est puissante, ta console ! »

L'intérêt pour les jeux vidéo remonte à plus de trente ans. En 1975, la firme Atari lance la première console domestique. Livrée avec un seul jeu, *Pong,* et équipée de deux manettes rotatives, elle fait fureur et les clients s'alignent jusqu'à l'extérieur des magasins pour avoir leur console. Ce succès allait lancer l'ère du jeu vidéo, dominé par les États-Unis jusqu'au milieu des années 1980 (Pacman), année à laquelle cette industrie est passée aux mains des Japonais, qui lancèrent les consoles modernes dont Nintendo fut l'une des plus marquantes.

Aujourd'hui, les consoles des différents fabricants se font concurrence à grand renfort de marketing et de publicité. Les consoles sont aussi performantes que des ordinateurs personnels, elles lisent les CD-ROM et les DVD, se connectent à Internet pour effectuer leurs mises à jour et permettent de jouer en réseau avec des gens qui se trouvent n'importe où sur la planète. Leurs processeurs surpuissants supportent des graphismes époustouflants de réalisme et des jeux très élaborés.

Derrière chaque nouveau jeu vidéo se trouve une équipe qui travaille parfois plusieurs mois à sa réalisation. Il y a d'abord les **scénaristes en multimédia** et les **concepteurs-idéateurs de jeux électroniques**, qui sont chargés d'imaginer les concepts sur lesquels sont basés les jeux : la façon de jouer, l'univers dans lequel le jeu se déroule, etc. Ils sont assistés par les **concepteurs de niveaux**, qui réalisent les niveaux de jeu en respectant les consignes mises en place. Les **animateurs 2D et 3D** et les **illustrateurs 2D et 3D** sont responsables du fini visuel et de la façon dont tous les éléments bougent et interagissent. **Compositeurs**, **musiciens** et **acteurs** prêtent leurs talents à la bande sonore.

Le **scénariste en multimédia** élabore le scénario puis il doit s'assurer de sa faisabilité auprès des équipes artistique et technique.

© Caroline Durocher

Les **programmeurs** sont chargés du développement global du jeu, de la création du moteur du jeu, de son intégration et de la réalisation de tous les logiciels annexes. Les consoles elles-mêmes ont aussi leur lot de **monteurs de matériel électronique**, de **designers industriels**, et de **dessinateurs de matériel électronique**.

Il ne faut pas oublier que, pour être réaliste, un jeu se doit de respecter les lois de la physique. Des notions aussi fondamentales que la gravité, l'impossibilité pour deux objets de passer l'un au travers de l'autre et la friction sur le sol doivent être intimement intégrées au jeu. De plus, les fabricants essaient de faire intervenir d'autres sens que la vue et l'ouïe : des casques avec projecteurs internes simulent la perception spatiale, des manettes et des gants rétroactifs font sentir des résistances, des formes et des vibrations.

© Jacques Pharand

À l'aide de différents logiciels, l'**animatrice 2D et 3D** donne vie aux objets.

L'ENVERS DE LA MÉDAILLE

On prête parfois des torts aux jeux vidéo (ils pourraient rendre certaines personnes asociales, oisives ou même violentes), mais ils ont peut-être aussi des bienfaits. L'armée américaine a remarqué que les soldats d'aujourd'hui ont de meilleurs réflexes que ceux de la génération précédente. On soupçonne grandement les jeux vidéo d'être responsables de cette amélioration.

LES APPAREILS PHOTO NUMÉRIQUES

36 poses sur un film ou 500 photos sur une petite carte?

« Voilà deux ans que tu es photographe pour ton journal étudiant; il était temps que vous vous équipiez d'un appareil numérique! Tu n'as plus à t'inquiéter, tu peux prendre autant de clichés qu'il le faut, jusqu'à la photo parfaite, sans craindre le coût de la pellicule. Tu effaceras simplement celles qui ne conviennent pas. Ça tombe bien: ton prochain reportage est sur l'automne et les arbres sont à leur plus beau! »

Pour obtenir une photo numérique, l'image doit être convertie en une série de chiffres. C'est là que l'appareil numérique se démarque de son ancêtre à pellicule. Lorsque la lumière arrive, elle frappe un capteur photosensible (c'est-à-dire sensible à la lumière). Il s'agit d'une petite puce de silice de forme rectangulaire, grosse comme l'ongle d'un pouce. À sa surface, se trouve une grille de millions de diodes photosensibles, les pixels, et chacun d'eux capte une minuscule fraction de la photo. Le mot « pixel » vient d'ailleurs de l'anglais « *picture element* », ou « élément d'image ». Cette technologie miniaturisée a modifié le travail des **réparateurs d'appareils photographiques**.

Le nombre de pixels d'un appareil photo (mégapixels) est sa puissance de résolution. Plus il en compte, plus la photo pourra contenir de détails et être agrandie sans que n'apparaissent les pixels. Les progrès de l'électronique ont permis aux **ingénieurs électroniciens** de créer des capteurs allant jusqu'à 50 millions de pixels dans les appareils professionnels.

Lorsqu'on déclenche l'appareil photo, chaque pixel sur le capteur d'image enregistre la brillance de la lumière qui l'atteint, en accumulant une charge électrique. À la fin, la charge de chaque pixel est mesurée et convertie en un chiffre situé entre 0 pour le noir et 255 pour le blanc pur (on reconnaît ici les 256 valeurs que peut prendre un octet).

© Dimitry Romanchuck, istock

L'**ingénieure électronicienne** inspecte une nouvelle configuration de circuit.

Cela peut surprendre, mais les pixels peuvent seulement capter la brillance, pas la couleur. Pour obtenir une photo couleur, chaque petit pixel est surmonté d'un petit filtre de couleur. Certains pixels ne captent donc que la brillance du vert, d'autres, que la brillance du bleu et d'autres encore, que la brillance du rouge. Ce sont les trois couleurs primaires de la lumière, qui donnent du blanc si on les additionne en proportions égales, et toutes les autres couleurs lorsqu'on varie ces proportions (elles diffèrent des couleurs primaires des pigments, soit le rouge, le bleu et le jaune, qui donnent du noir lorsqu'on les mélange).

Pour connaître la couleur réelle de chaque pixel, l'ordinateur de l'appareil le compare à ses huit voisins immédiats afin de déterminer la brillance des deux autres couleurs qu'il n'enregistre pas directement. C'est un procédé informatique appelé « interpolation ». Si un pixel rouge est très brillant et que les pixels verts et bleus qui l'entourent sont tout aussi brillants, cela signifie que le pixel est en réalité blanc. Sa valeur finale sera composée de trois chiffres, variant de 0 à 255 et représentant respectivement la brillance du rouge, du vert et du bleu.

Chaque fois qu'on prend une photo, ce sont donc des centaines de millions de calculs qui doivent être faits en un instant par l'ordinateur de l'appareil. La série de chiffres obtenue est stockée dans la mémoire. Sur l'écran d'un ordinateur, un logiciel approprié, créé par des **concepteurs de logiciels en imagerie et médias numériques**, permet de regarder la photo et de la retoucher. Comme il s'agit de chiffres, les modifications sur une photo sont faciles à faire puisqu'il suffit de changer ces chiffres…

La technologie des appareils photo numériques progresse à pas de géants. À quand les appareils holographiques ?

© Jacques Pharand

Le concepteur de logiciels en imagerie et médias numériques est celui qui crée les logiciels permettant de retoucher les photos.

INTERNET

L'ère de la communication

« Ton meilleur ami est dans un café internet au Népal et, ce matin, tu clavardes avec lui. Grâce à son appareil photo numérique, il te présente les gens qu'il a rencontrés. En même temps, tu reçois un courriel envoyé par ta cousine qui vit en France et tu consultes le site de ta vedette préférée en Californie. Avant d'éteindre l'ordinateur, tu finis de télécharger une chanson que tu as achetée sur un serveur australien. En dix minutes, tu as fait le tour du monde! »

© Marc-André Grenier

La complexification des réseaux et la multiplication des applications informatiques donnent bien du boulot aux gestionnaires de réseaux informatiques.

Dans une maison, il peut y avoir quelques ordinateurs, et si on les branche ensemble, on crée un petit réseau. La même chose peut se produire dans la maison voisine. Il suffit d'un câble de plus pour relier ces deux réseaux et créer un réseau plus grand. Si l'on ajoute une troisième maison et qu'on relie chaque maison aux deux autres pour former un triangle, on obtient un réseau sécuritaire. Même si l'un des câbles est rompu, la communication entre chaque réseau domestique pourra être maintenue grâce à ce début de toile.

Internet fonctionne de la même façon. Les grands réseaux régionaux et nationaux, déployés par des gestionnaires de réseaux informatiques et des architectes de systèmes informatiques, sont reliés les uns aux autres par de multiples connexions qui permettent à l'information de circuler par de nombreuses voies. Cette information est découpée en petits paquets qui peuvent tous prendre des voies différentes pour se rendre à destination. Lorsqu'un courriel voyage de Montréal à Moscou, il peut donc transiter en partie par Paris et en partie par Melbourne.

À différents endroits sur la planète se trouvent de gros serveurs informatiques (sur des bases militaires, dans des universités, etc.) qui communiquent entre eux et qui assurent les connexions vers de plus petits serveurs. L'un d'eux en Virginie, gère environ la moitié de tout le trafic d'Internet. Et s'il tombait en panne, le réseau ne flancherait pas, puisque d'autres serveurs prendraient le relais.

Le premier réseau de ce genre a été lancé en 1967 par l'armée des États-Unis pour faciliter le transfert sécuritaire de renseignements entre les laboratoires de recherche de différentes universités américaines. Appelé « Arpanet », il a été le précurseur d'Internet. Il a ensuite inspiré d'autres réseaux dans d'autres pays, qui se sont graduellement connecté les uns aux autres et continuent de le faire. Dédié au départ à la recherche et à l'éducation, Internet a été assez rapidement conquis, dans les années 1990, par les sociétés commerciales, petites et grandes. Vitrines publicitaires réalisées par des **designers visuels en multimédia**, les pages Web ont changé la façon de faire des affaires. Les pionniers d'Internet ont fortement critiqué cette situation, mais ont bien dû se rendre à l'évidence : c'est grâce à cette popularité que le trafic a pu être augmenté et que le coût des connexions a diminué.

Le designer visuel en multimédia élabore le décor dans lequel évolue le personnage – un dinosaure – du prochain film Imax!

Les applications d'Internet sont aujourd'hui nombreuses : courrier électronique, échange de fichiers, messagerie instantanée, Web... Il faut noter que le Web, qui nécessite un fureteur pour télécharger les pages montées par des **concepteurs-idéateurs de produits multimédias** et des **technologues en informatique**, même si on le confond souvent avec Internet, n'est qu'une de ses applications. Internet est un réseau mondial de serveurs interconnectés, qui permet d'envoyer de par le monde non seulement du texte, mais n'importe quelle donnée numérique : des images, des vidéos, de la musique, des jeux vidéo et peut-être un jour des sensations comme des odeurs.

LE MOT DE LA FIN!

Sur le plan économique, le stockage de données (les jeux vidéo, le multimédia, les télécommunications, etc.) permet à des milliers de gens de travailler dans des entreprises dont les méthodes et les produits évoluent à une vitesse phénoménale ! On ne s'ennuie pas dans le domaine du numérique, car on doit réapprendre le métier lors de chaque nouvelle innovation.

Les villes de Québec et de Montréal comptent de nombreuses entreprises spécialisées dans les technologies numériques. Le jeu vidéo et le cinéma d'animation qui y sont réalisés sont reconnus sur toute la planète.

Métiers et professions

LES DONNÉES NUMÉRIQUES

Ils possèdent leur propre langage !

DERRIÈRE CHAQUE

MOUSQUETON

IL Y A...

Une innovation scientifique:

Les alliages

P. 92 et 93

Des utilisations variées

Les structures géantes...
P. 94 et 95

Les amalgames dentaires...
P. 96 et 97

L'aéronautique...
P. 98 et 99

Le mousqueton

Grimper comme une araignée

« Plus que quelques mètres et tu seras au sommet! Les pieds solidement en place, tu cherches la meilleure prise pour ta main gauche. Alors que tu te hisses, la pierre se dérobe et tu décolles de la paroi! Heureusement, ta chute est rapidement stoppée par l'ami qui t'assure au bas de la falaise et par la corde qui te relie à lui. La plus grande partie du choc a été encaissée par la corde et par le mousqueton. C'est fort, un mousqueton d'escalade! »

La gravité ne pouvant pas être contournée lorsqu'on chute en escalade, il faut être attaché pour ne pas tomber trop bas. Une chute stoppée inflige cependant un choc au grimpeur et à son équipement. Heureusement, la corde peut adoucir l'arrêt grâce à son élasticité, mais le choc peut quand même être grand et le mousqueton en encaisse une bonne partie.

La puissance de la **force de choc** qui s'applique sur le mousqueton dépend de plusieurs facteurs : le poids du grimpeur, la hauteur de sa chute, l'élasticité de la corde, etc. Prenons un grimpeur de 55 kg qui se trouve à cinq mètres au-dessus de son assureur et qui chute de trois mètres. S'il est attaché à une corde qui peut s'allonger de 10 %, sa chute génèrera une force de choc de 5028 **newtons**, soit l'équivalent d'une masse de 512 kg, ou le poids d'une petite vache !

La **technicienne métallurgiste au contrôle de la qualité** se prépare à effectuer un essai mécanique sur un matériau.

Un mousqueton doit donc pouvoir supporter plusieurs fois le poids d'un grimpeur en cas de chute. En observant de près les caractères gravés sur un mousqueton, on peut connaître la force maximale que celui-ci peut supporter. Les trois chiffres indiqués précisent : 1 sa force dans le sens de la longueur ; 2 sa force dans le sens de la largeur ; et 3 sa force lorsqu'il est ouvert. Normalement, la première valeur se situe entre 20 et 25 kN (25000 newtons, ou 2550 kg), la deuxième et la troisième vont de 7 à 10 kN. Un mousqueton est donc plus fort en longueur qu'en largeur. Ces chiffres sont obtenus en laboratoire par des **techniciens métallurgistes au contrôle de la qualité**.

Le newton est une unité de force nommée en l'honneur du **physicien** Isaac Newton. Un **newton** est la force qu'il faut fournir pour tenir dans sa main une masse d'environ 100 grammes.

On doit les premiers mousquetons à des grimpeurs allemands, qui les ont créés autour de 1910. Les mousquetons ont d'abord été faits d'acier, mais on a vite cherché des alliages plus légers, car en escalade, il faut en traîner plusieurs sur soi.

L'aluminium s'est rapidement imposé pour sa légèreté, mais comme il est plus « cassant » que l'acier, on lui ajoute d'autres métaux pour améliorer ses performances. C'est ainsi que des **ingénieurs en métallurgie** ont créé le zicral, l'alliage dont sont faits les mousquetons modernes.

Selon les **technologues en procédés métallurgiques**, il existe bien quelques alliages encore plus légers, mais les mousquetons qu'on en fabriquerait seraient hors de prix. Le zicral étant relativement peu cher, il est le matériau idéal pour l'escalade ! C'est grâce à cet alliage que ce sport est si sécuritaire.

© Alcoa

Le technologue en procédés métallurgiques assure le contrôle de la qualité en cours de production.

ATTENTION !

Dans les quincailleries, on trouve des mousquetons moins chers que ceux des boutiques d'escalade. Faits de métaux de moindre qualité, ils n'ont pas été approuvés pour l'escalade et peuvent céder au premier choc. On y lit généralement la mention *Not for climbing*. Utilise donc toujours du matériel de confiance, et bonne ascension !

LES ALLIAGES

Quand l'union fait la force !

Un alliage, c'est le mélange d'un métal avec un ou plusieurs autres éléments. Depuis des milliers d'années, l'humain a créé des alliages aux propriétés diverses. Aujourd'hui, les technologues en procédés métallurgiques travaillent avec des alliages performants à base de métaux « modernes » : aluminium, cadmium, magnésium, titane...

© CIFM

L'ingénieur en métallurgie et le technologue en procédés métallurgiques procèdent à une analyse de défaillance sur une pièce métallique.

Les propriétés d'un métal pur sont souvent trop faibles pour les besoins de l'industrie. L'intérêt d'un alliage, c'est qu'en ajoutant d'autres éléments au métal, on le « durcit », on modifie ses caractéristiques chimiques, en particulier sa résistance à la corrosion, ou on en améliore d'autres aspects, comme sa conductibilité et la facilité à lui donner la forme voulue.

Dans un alliage, le métal principal est appelé la « base » et les éléments ajoutés sont les éléments d'alliage. Ces derniers sont le plus souvent des métaux, mais il peut aussi s'agir d'autres types d'éléments, comme le carbone ou la silice. Généralement, quand l'élément d'alliage n'est pas un métal, sa proportion reste faible (la concentration de carbone est inférieure à 2 % dans l'acier), alors qu'on peut faire un alliage de cuivre et de zinc avec 50 % de chacun des métaux.

Quelques alliages

- L'***acier*** et la ***fonte*** sont tous deux faits de fer auquel on a ajouté du carbone. L'acier contient moins de 2 % de carbone, mais cela suffit à lui donner résistance et dureté. La fonte contient jusqu'à 7 % de carbone et est utilisée dans des pièces de voiture et pour faire des tuyaux, des conduits et des casseroles. Moins résistante que l'acier, elle est toutefois plus facile à mouler.

- Le problème de l'acier, c'est qu'il peut facilement rouiller. Pour le rendre moins vulnérable à la corrosion, on lui ajoute du chrome et quelques autres éléments métalliques. On parle alors d'***acier inoxydable***, comme ce dont sont faits les couverts de cuisine.
- En mélangeant du cuivre et du zinc, on obtient du ***laiton***, un alliage relativement fragile, mais facile à usiner. On en fait des instruments de précision, des éléments décoratifs pour le mobilier et des instruments de musique comme le saxophone...

- Si c'est de l'étain qu'on ajoute au cuivre, on obtient du ***bronze***. Métal antirouille, le bronze sert à fabriquer des statues, des médailles sportives, des cloches, etc. Il s'agit probablement du premier alliage de l'homme, les plus anciens objets de bronze connus remontant à 6 500 ans. L'âge de bronze, qui a duré 3 000 ans, a été marqué par de grands progrès technologiques. Les armes, les armures, les outils et les constructions en bronze étaient plus durs et plus durables que leurs équivalents en pierre ou en cuivre. Le bronze moderne renferme plus de 60 % de cuivre,

Tous les métaux ne sont pas « alliables ». Lorsque les conducteurs de four à fusion fabriquent un alliage, les deux éléments doivent être parfaitement solubles l'un dans l'autre. Cela survient s'ils ont des atomes de dimensions semblables et que leur structure cristallographique, c'est-à-dire la façon dont leurs atomes se disposent lorsque le métal se solidifie, est la même. Ainsi, l'or et l'argent, ont des structures cristallographiques identiques. Les atomes de l'argent ont un rayon de 1,75 **angström** et ceux de l'or ont un rayon de 1,79 **angström**, ce qui en fait d'excellents candidats pour un alliage, qu'on appelle d'ailleurs « électrum ». Les atomes des deux éléments se comportent comme s'ils étaient un seul et même métal.

Le conducteur de four à fusion prépare le bec et le trou de coulée.

Les technologues en procédés métallurgiques peuvent aussi collaborer à la conception d'alliages comprenant des éléments non métalliques, comme le carbone. Ces éléments ont habituellement des atomes très petits, qui s'insèrent entre les atomes plus gros de l'élément de base. Ils ne perturbent donc presque pas la cristallographie du métal principal.

L'**angström** est une unité de mesure pratique pour les rayons atomiques et les petites longueurs d'onde. Nommée en l'honneur du physicien suédois Anders Jonas Angström, elle vaut un dixième de nanomètre, ou un dix milliardième de mètre. Une feuille de papier a une épaisseur d'un million d'angströms !

Des utilisations variées

LES STRUCTURES GÉANTES

LES ALMALGAMES DENTAIRES

L'AÉRONAUTIQUE

ainsi que de l'étain et d'autres éléments en proportions variables.

- Le mélange de 93 % d'étain, de 2 % de cuivre et de 5 % d'antimoine, l'un des rares métaux non conducteurs, donne du ***britannium***. Facile à mouler, c'est l'ingrédient principal des statuettes des Oscars, qui sont ensuite plaquées d'or. Les 15 statuettes remises lors des premières cérémonies étaient en bronze plaqué or. Le bronze, cependant, fut abandonné au profit du britannium, qui offre un fini plus lisse. Durant la Seconde Guerre mondiale, à cause du rationnement en métaux les oscars ont été fabriqués en plâtre. À la fin du conflit, les gagnants ont pu échanger leurs statuettes de plâtre contre de vraies statuettes en alliage.

- Depuis 150 ans, les dentistes bouchent les cavités dentaires avec un mélange très malléable de mercure, d'argent, d'or, de zinc, d'étain et de cuivre. Appelé à tort « plombage », cet amalgame ne contient pas de plomb !
- Les mousquetons d'escalade et la structure interne des avions sont en ***zicral***. C'est de l'aluminium auquel on a ajouté du zinc, du chrome ainsi qu'un peu de cuivre et de magnésium. Issu des technologies aérospatiales, cet alliage est reconnu pour sa grande résistance à la rupture et à la déformation, de même que pour sa résistance à la corrosion et à l'abrasion.

UN PEU D'HISTOIRE...

Les alliages naturels sont rares, mais ils existent. L'*électrum*, par exemple, alliage d'or et d'argent natifs, était très recherché dans la préhistoire et l'Antiquité.

LES STRUCTURES GÉANTES

Le triomphe de l'acier : gratte-ciel, ponts, viaducs...

« Récemment, tes parents ont reçu à souper leur ami, un **ingénieur civil** passionné de son métier. De ses propos, il te reste une impression de gigantisme... Dubaï, Émirats arabes unis : la *Burj Dubaï* sera bientôt la plus haute tour du monde, avec plus de 800 mètres. Mer Tyrrhénienne, Italie : avec ses 5 km, le pont de Messine, entre l'Italie et la Sicile, sera le plus long pont suspendu. Vallée du Tarn, France : le viaduc de Millau fait passer 2,4 km d'autoroute à 270 mètres d'altitude. Golfe Persique, Qatar : avec ses 458 mètres, le pétrolier *Knock Nevis* est le plus grand navire du monde. »

Tour Burj Dubaï

Viaduc de Millau

En 1917, on inaugurait le pont de Québec. Encore aujourd'hui, il est considéré comme une œuvre majeure par les **ingénieurs civils**. Avec ses 576 mètres, c'est le plus long pont de type cantilever au monde, c'est-à-dire que sa partie centrale repose au-dessus du vide, en équilibre sur les deux travées qui viennent vers elle. Un exploit rendu possible par l'importante solidité des aciers déjà connue à l'époque.

Pont de Québec

© Réjean Meloche, CCQ

Le **ferrailleur** met en place les tiges métalliques qui serviront à renforcer le béton.

UN PEU D'HISTOIRE...

Le premier béton nous vient des Romains, qui mélangeaient de l'eau avec de la cendre volcanique ou du carbonate de calcium (coquillages, craie, chaux et autres) pour obtenir une substance pâteuse qui devenait une pierre artificielle en séchant. Maintenant, on l'obtient en mélangeant des graviers dans une pâte de plusieurs composés à base de calcium (silicates, monosulfates, aluminates, etc.). Dans le mélange, les cristaux adhèrent très fortement entre eux, ce qui confère au béton une solide résistance à la compression. Par contre, si l'on essaie de le plier ou de l'étirer, il est beaucoup moins fort et peut casser.

C'est pourquoi le béton armé a été inventé : les **ferrailleurs** y insèrent une ossature de tiges d'acier entrecroisées, à laquelle les cristaux adhèrent très bien. Les techniques modernes ont remplacé l'acier par des alliages plus performants (encore eux !) et le béton armé est maintenant précontraint : avec de fortes machines hydrauliques, on étire l'armature avant de couler le béton. Une fois qu'il est pris, on relâche la tension et la matrice interne « resserre » le béton sur lui-même et en augmente d'autant la résistance. C'est une combinaison parfaite pour faire face à toutes les contraintes, d'où la réussite d'ouvrages d'ingénierie en superbéton de plus en plus impressionnants.

Il ne faut pas avoir le vertige pour boulonner les poutres d'acier comme le font ces monteurs de charpentes métalliques.

En 1931, l'Empire State Building de New York, avec ses 381 mètres, est devenu le plus haut gratte-ciel du monde; il l'est resté pendant 40 ans. L'armature interne de ce géant, dessinée par des traceurs de charpentes métalliques, est faite du meilleur acier sur le marché à cette époque. Sa construction, effectuée par des travailleurs de différents corps de métiers, notamment par des monteurs de charpentes métalliques, s'inscrivait alors dans une profusion d'ambitieux projets d'architecture des grandes villes américaines, qui rivalisaient entre elles. C'était l'âge d'or des gratte-ciel et les inspecteurs en bâtiments avaient du pain sur la planche !

Ces prouesses étaient inimaginables seulement quelques années plus tôt. Elles sont devenues courantes avec les aciers modernes et les techniques élaborées par les ingénieurs civils et les technologues en génie civil. Maintenant, c'est surtout grâce au béton que les architectes peuvent s'en donner à cœur joie et que les records sont régulièrement pulvérisés. Grâce au superbéton* en fait...

L'architecte ne fait pas que les plans, elle inspecte et surveille aussi les travaux afin de s'assurer que les bâtiments sont construits conformément aux plans et devis.

*Quelle est la hauteur maximale pour un gratte-ciel ? Prenons un édifice en superbéton d'une densité de 2500 kg/m³. La résistance du béton en compression permettrait une hauteur de 32 000 mètres avant que la base ne s'écrase. Petit problème, cependant : c'est la croûte terrestre qui s'effondrerait ! L'altitude maximale qu'elle peut supporter est de 10 000 mètres. L'Everest fait 8 850 mètres. Ouf !

LES AMALGAMES DENTAIRES

Du métal dans la bouche !

« Ton petit frère revient de sa tournée d'Halloween avec un sac bien rempli. Il compte ses bonbons et en mange plusieurs avec joie. Avant d'aller au lit, ta mère insiste pour qu'il brosse ses dents. Il n'a encore aucune carie et elle aimerait bien qu'il n'en ait jamais. Toi, tu en as eu, et tu te rappelles le désagrément causé par l'intervention du dentiste… »

© Lajos Repasi/istock

Au-delà des compétences techniques, la dentiste et l'assistant dentaire doivent développer une belle complicité… ils passent une bonne partie de la journée côte à côte !

L'émail des dents est le tissu le plus dur du corps humain. Il est composé à 96 % d'apatite, une variété de phosphate de calcium, donc un minéral. Mais l'émail se déminéralise dans un milieu acide. Une trop grande consommation d'aliments acides (jus de citron, boissons gazeuses, etc.) peut affaiblir l'émail et entraîner la carie dentaire. Même sans aliments acides, une alimentation sucrée peut causer les mêmes problèmes.

Les microbiologistes ont identifié des centaines d'espèces de bactéries dans notre bouche (voir **Antibiotiques**). Celles-ci tirent leur énergie des sucres présents dans la nourriture qui passe dans notre bouche. L'une d'elles, nommée *Streptococcus mutans*, adhère à la surface des dents. Lorsqu'on la laisse proliférer, les dents se recouvrent d'une couche blanchâtre et visqueuse, qui est un tapis de microbes appelé « plaque dentaire ». En « digérant » le sucre, cette plaque produit de l'acide pyruvique et de l'acide lactique.

Vacciné contre les caries ?

Une équipe de microbiologistes portugais a créé un vaccin qui, chez les rats, réduit les caries de 50 % en entraînant le système immunitaire à reconnaître et à éliminer l'une des bactéries qui causent la carie. Plutôt que par injection, le nouveau vaccin s'administre par vaporisation nasale. À quand une version pour les humains ?

UN PEU D'HISTOIRE…

Les plus anciennes caries ont été retrouvées par des archéologues sur des restes humains datant de 7 000 ans. Cela coïncide avec l'apparition de farines de céréales riches en sucres chez les premières sociétés sédentaires. C'est donc un signe de diète riche, alors que, chez les autres mammifères, la carie est le symptôme de carences alimentaires et de mauvaise santé.

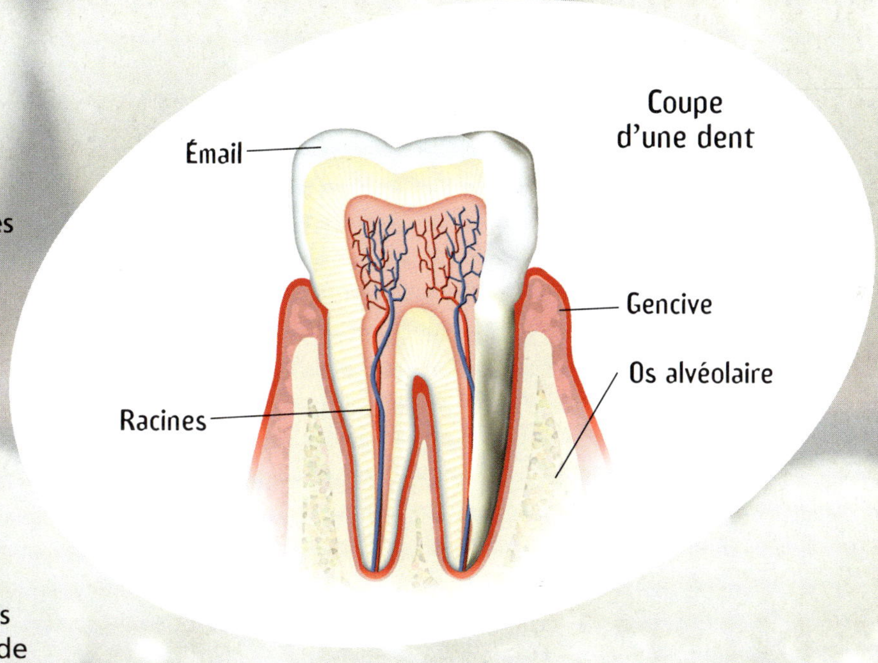

Contrairement à la croyance populaire, les bactéries n'essaient pas de «creuser» l'émail. Elles vivent passivement à sa surface et entre les dents, mais leurs déchets acides érodent l'émail en dessous d'elles. C'est pourquoi il faut régulièrement se brosser les dents, utiliser la soie dentaire et annuellement confier aux **hygiénistes dentaires** le soin d'éliminer la plaque qui se forme en continu. En cas de mauvaise hygiène dentaire, l'érosion de l'émail se poursuit et forme un petit trou : c'est la carie dentaire.

Une carie qui se développe peut atteindre les tissus mous au centre de la dent et la douloureuse rage de dents commence. Pour traiter une carie, les **dentistes**, aidés d'**assistants dentaires**, creusent l'émail pour enlever le minéral affaibli, puis remplissent la cavité d'un alliage de plusieurs métaux. Par ses caractéristiques physiques, cet amalgame est presque aussi résistant que l'émail naturel et lui redonne solidité et intégrité.

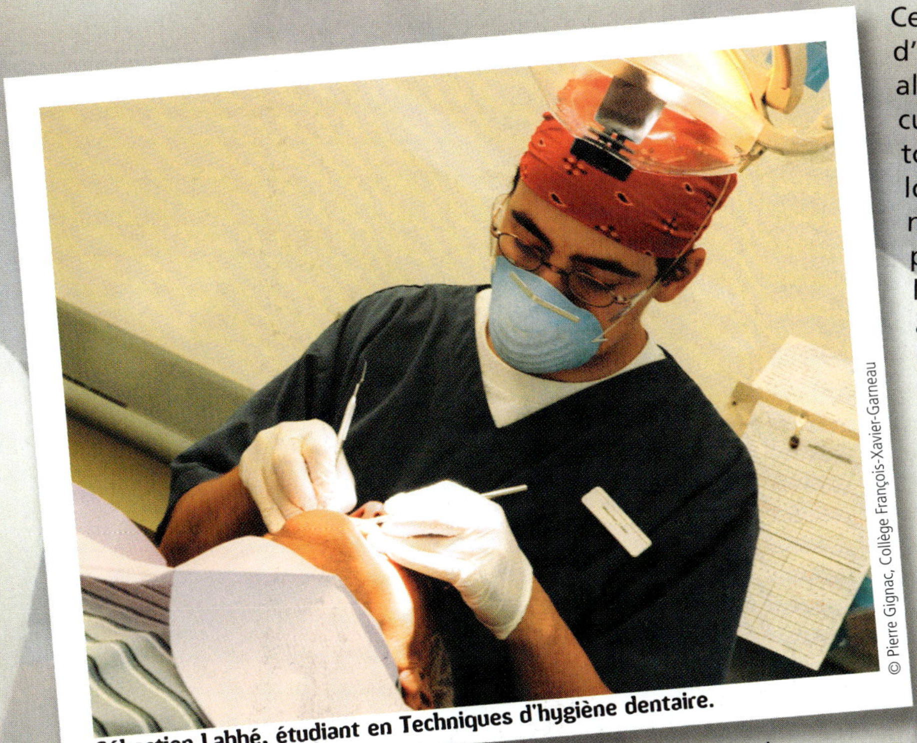
© Pierre Gignac, Collège François-Xavier-Garneau

Sébastien Labbé, étudiant en Techniques d'hygiène dentaire.

L'enlèvement du tartre demande beaucoup de délicatesse de la part de l'**hygiéniste dentaire**.

Ce mélange argenté est composé d'environ 50 % de mercure et 50 % d'un alliage de poudre d'argent, d'étain, de cuivre et de zinc. Une fois malaxé, le tout forme une pâte malléable qui durcit lorsqu'on l'enfonce dans la cavité nettoyée. En quelques minutes, cette pâte devient presque aussi résistant que l'émail. Sans danger pour l'organisme à si petite dose, l'amalgame dentaire offre l'avantage d'être bactériostatique, c'est-à-dire qu'il ralentit la prolifération des bactéries.

Depuis quelques années, les **dentistes** installent aussi des composites dentaires, faits de minéraux inclus dans une matrice de résine. Ils étaient surtout utilisés sur les dents du devant, car leur blancheur était plus esthétique et leur résistance insuffisante pour les molaires. Des progrès récents, cependant, les ont rendus presque aussi solides que les dents naturelles et on les utilise maintenant dans toute la bouche.

L'AÉRONAUTIQUE

Des prouesses aériennes grâce à des matériaux performants

« Tes arrière-grands-parents ont peut-être connu les premiers coucous de l'histoire de l'aviation. Toi, tu voles aujourd'hui dans de gros avions si confortables que tu as l'impression d'être dans ton salon (quoiqu'un peu à l'étroit!). Ces progrès sont dus à l'amélioration des matériaux depuis plus d'un siècle. »

C'est lors de la Première Guerre mondiale, entre 1914 et 1918, que l'aviation a véritablement pris son essor. Alliés ou Allemands, les pilotes étaient alors des pionniers, testant volontairement les nouveaux appareils que les **mécaniciens-monteurs en aérospatiale** de leur pays fabriquaient pour surclasser l'ennemi. Construits de bois et de toile, les avions ne résistaient malheureusement pas toujours aux manœuvres périlleuses de ces aventuriers de l'air. Dans les piqués à grande vitesse ou les virages trop serrés, les ailes se détachaient parfois, forçant les pilotes intrépides à descendre au sol en parachute.

Ces problèmes sont aujourd'hui chose du passé. Les avions sont tellement résistants que ce sont maintenant les pilotes qui s'évanouissent lors de certaines manœuvres extrêmes. Ces améliorations ont été rendues possibles grâce à l'utilisation de nouveaux matériaux, dont les alliages. Les **ajusteurs-monteurs d'aviation** et les **monteurs de structures en aérospatiale** apprécient les alliages qui détiennent les qualités indispensables, soit solidité, légèreté et résistance à la corrosion, pour produire les appareils modernes, tant civils que militaires.

© ÉMAM

Un avion, c'est une merveille d'ingénierie. Le défi des **ingénieurs en aérospatiale** qui les conçoivent est d'utiliser le moins de matériaux possible pour obtenir le plus de solidité possible. L'aluminium et le titane sont deux métaux très intéressants pour leur faible densité, mais ils n'ont pas une très bonne résistance mécanique. C'est pourquoi on leur ajoute un peu de cuivre, de magnésium, de manganèse, de silicium afin d'en faire des supermétaux qui allient, répétons-le, solidité et légèreté.

© CAE Inc.

L'assemblage des fuselages, des ailes, des ailerons, etc., c'est l'affaire des monteurs de structures en aérospatiale.

Plus un avion est léger, plus il est facile à faire voler et moins il consomme de carburant. Le faible poids des alliages et l'augmentation de la performance des moteurs permettent de construire des avions toujours plus gros... ce qui fait la joie des **techniciens en génie aérospatial** qui participent parfois au vol d'essai.

L'évolution de l'aéronautique est indissociable du développement de nouveaux matériaux, comme les matériaux composites (voir **Panneaux et contreplaqué**) qui sont de plus en plus utilisés dans la fabrication des appareils modernes. Les **assembleurs-confectionneurs en matériaux composites** travaillent de plus en plus avec le *GLARE*, un laminage de feuilles d'aluminium et de fibre de verre. Son nom provient de l'expression *GLAss REinforced* (renforcé de verre) et on l'utilise comme revêtement de fuselage. La bonne résistance aux impacts de l'aluminium et sa légèreté, combinées à la résistance à la charge de la fibre de verre, font qu'en cas d'accident, le fuselage se déforme sans se rompre.

© Caroline Durocher

Le technicien en génie aérospatial planifie les étapes de contrôle de la qualité et effectue l'inspection des composants.

L'assembleur-confectionneur en matériaux composites utilise le procédé d'assemblage au sac.

© Bell Helicopter Textron Canada limitée

Voici Bell 429 Global Ranger, le nouveau modèle conçu et fabriqué à Mirabel par Bell Helicopter Textron Canada Limitée, lors de son premier vol en février 2007. Cet appareil comporte de nombreuses pièces en matériaux composites!

TOUT EN COMPOSITES!

En janvier 2008, Bombardier Inc. révélait le nom officiel de son nouveau biréacteur : *Learjet 85*. La particularité de cet avion est que sa structure sera entièrement composée de matériaux composites, une première dans le domaine de l'aérospatial ! Grâce aux composites, l'avion offrira davantage de confort en cabine, tout en réduisant au minimum la traînée et en améliorant les performances. Ratio résistance-poids exceptionnel, maintenance réduite et durée de vie prolongée sont des caractéristiques clés de toutes les cellules en matériaux composites.

© Bombardier Aéronautique

LE MOT DE LA FIN!

L'imagination et le désir d'améliorer les matériaux et la performance des outils et des constructions ont amené l'espèce humaine à développer une panoplie de nouveaux matériaux en mélangeant ceux qu'elle connaissait déjà. Parmi eux, les alliages permettent des prouesses particulièrement surprenantes, que ne permettent pas les matériaux « naturels ».

Métiers et professions

LES ALLIAGES

Les métaux se plient à leur volonté !

DERRIÈRE CHAQUE **PERMANENTE** IL Y A...

Une innovation scientifique :

Les réactions acidobasiques

P. 104 et 105

Des répercussions variées

Le nettoyage des fossiles... P. 106 et 107

L'extraction de minéraux... P. 108 et 109

Les pluies acides... P. 110 et 111

La permanente

Des frisous chimiques!

« Enfin, tu as osé! Ce matin, tu te présentes à l'école avec ta nouvelle chevelure toute frisée. Tes amis sont tous emballés et te couvrent de compliments. Pour un changement, c'en est tout un. Même ton coiffeur, qui t'a permanenté les cheveux, ne te reconnaît plus! »

Un cheveu est majoritairement constitué d'une protéine, la kératine. Comme toutes les protéines, la kératine est une longue molécule linéaire et plusieurs molécules de kératine doivent s'enrouler les unes autour des autres, en spirale, pour former les fibres des cheveux.

Les protéines sont de longues chaînes d'acides aminés, mais l'un d'eux, la cystéine, est particulièrement abondant dans la kératine. La particularité de la cystéine est de posséder un atome de soufre dans sa composition. Lorsque deux acides aminés cystéines se retrouvent suffisamment près l'un de l'autre, leurs atomes de soufre respectifs peuvent se lier ensemble et former ce qu'on appelle un « pont disulfure ». C'est ce qui confère leur solidité aux cheveux: les molécules de kératine sont soudées les unes aux autres sur toute leur longueur par de nombreux ponts disulfures.

À l'aide de différents instruments et produits, la coiffeuse peut modifier l'apparence de la chevelure à volonté!

Les **acides aminés** sont de petites molécules associées en chaîne qui forment les protéines de tous les êtres vivants. Chez l'humain, il en existe vingt différents.

C'est le nombre et la position des acides aminés cystéines dans nos protéines de kératine, et donc des ponts disulfures, qui déterminent l'allure de nos cheveux. Si les cystéines de protéines adjacentes sont alignées, le cheveu est raide. Si elles sont un peu décalées, le cheveu est courbé et frisé.

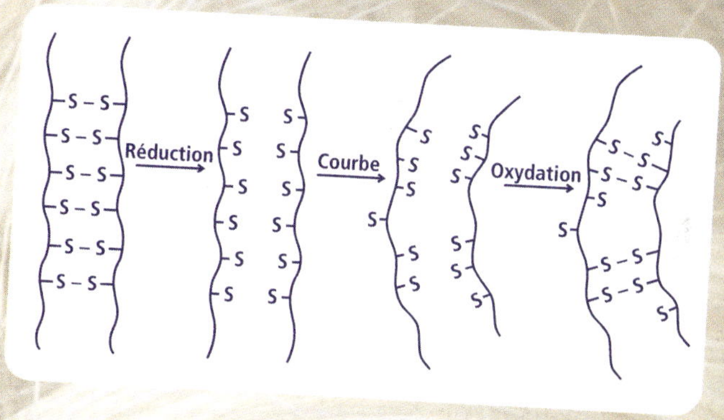

Pour friser ou défriser quelqu'un, il faut donc aller détruire les ponts disulfures dans ses cheveux, placer les cheveux dans une nouvelle position (avec les bigoudis), puis reformer des ponts disulfures pour « figer » cette nouvelle configuration. Tout ça peut se faire grâce aux recherches des chimistes, en particulier sur des réactions d'oxydoréduction (voir **Électrochimie**). La première étape se fait avec un agent réducteur (pour briser les ponts disulfures) et la dernière avec un agent oxydant (pour en former des nouveaux).

© Caroline Durocher

Les chimistes peuvent évoluer dans des domaines aussi variés que la cosmétologie, la pharmacologie et la biotechnologie.

Mais pour que les produits chimiques d'une permanente pénètrent facilement le cheveu et atteignent toutes les protéines de kératine, il faut rendre le cheveu plus perméable. Pour ce faire, on ajoute un acide au produit réducteur. En augmentant l'acidité des cheveux, on dénature leurs protéines, c'est-à-dire qu'on modifie leur structure tridimensionnelle. Les écailles à la surface des cheveux se soulèvent alors légèrement et les produits peuvent pénétrer entre elles. C'est ce produit acide qui brûle un peu le cuir chevelu lors d'une permanente.

Les teintures à cheveux nécessitent également une ouverture des écailles des cheveux pour que la couleur puisse y pénétrer en profondeur. On fait donc aussi appel aux acides pour colorer ou décolorer les cheveux.

LES RÉACTIONS ACIDOBASIQUES

Le yin et le yang de la chimie

La matière est constituée d'atomes, des particules excessivement petites. Chaque atome est fait d'un noyau central chargé positivement (car il contient des protons, particules positives) autour duquel gravite un nuage d'électrons, particules négatives. Puisque le nombre de protons et d'électrons est le même, un atome est neutre en théorie. Mais, comme le savent les **chimistes**, les atomes possèdent souvent un nombre d'électrons différents de leur nombre de protons. On appelle ces atomes des « ions ».

Un ion possède donc une charge électrique : celle-ci sera positive s'il lui manque des électrons ou négative s'il a des électrons en trop. Prenons le cas du sel avec lequel on assaisonne nos frites. Il est constitué de petites molécules comprenant chacune deux atomes : un atome de sodium (Na, et son noyau compte 11 protons) et un atome de chlore (Cl, 17 protons). De ce fait, son nom chimique est le chlorure de sodium, NaCl. Lorsqu'on les met dans l'eau, les molécules de NaCl se dissocient, c'est-à-dire que leurs deux atomes se séparent. Mais le partage de leurs électrons n'est pas équitable : l'atome de chlore « vole » un électron au sodium et devient un ion chlorure (Cl^-) avec 18 électrons ; l'atome de sodium en a donc un en moins, pour un total de 10. On dit alors que c'est un ion sodium (Na^+).

De nombreux autres éléments peuvent être sous forme ion : le zinc (Zn^+) le cuivre (Cu^+), le fluor (F^-), l'iode (I^-), etc. Le cas de l'atome d'hydrogène est particulier. Son noyau ne comprend qu'un seul proton, et autour de ce noyau gravite un seul électron. Lorsque l'hydrogène est ionisé, il perd son électron et l'ion H^+ résultant est donc un proton solitaire qui tend à s'associer avec des ions négatifs pour former un assemblage électriquement neutre.

Certains composés contiennent un atome d'hydrogène qu'ils peuvent perdre lorsqu'ils se retrouvent en solution dans l'eau, donnant ainsi des protons libres. On appelle ces composés des « acides ». Moins un acide a d'affinités avec son ion hydrogène, plus il le perd facilement en solution dans l'eau, et plus cet acide est considéré comme fort. Un composé qui accepte les protons s'appelle une « base ». Plus une base a d'affinités avec les ions H^+, plus elle peut capter ceux qui se trouvent en solution dans l'eau, et plus cette base est considérée comme forte. En bref, un acide est un composé qui libère des protons (H^+) et une base est un composé qui en accepte.

À l'aide d'une minicaméra insérée dans une pilule et absorbée par le patient, la gastroentérologue recueille des informations précises sur l'estomac. Elles sont transmises par ondes radio à son ordinateur.

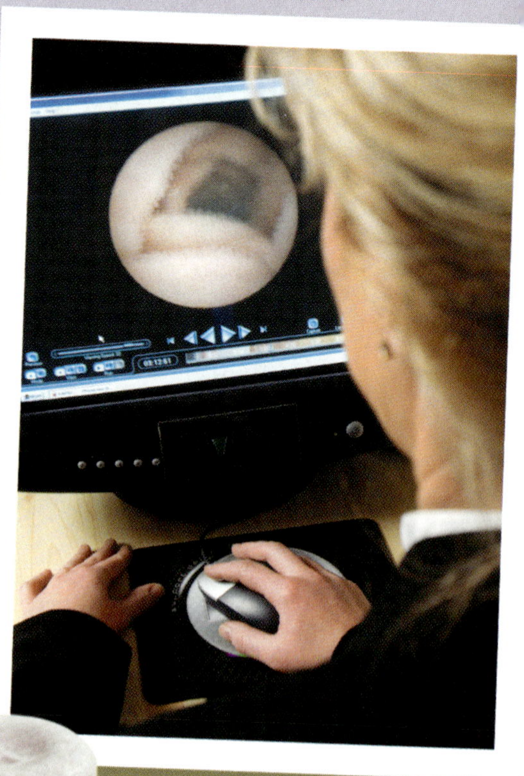

QUESTION D'ÉQUILIBRE

Notre estomac produit naturellement de l'acide chlorhydrique pour digérer les aliments. Mais c'est un acide si fort que l'estomac doit protéger sa surface interne avec un mucus pour éviter de se digérer lui-même. Lorsque cette protection diminue (à cause du stress ou de la prise de certains médicaments), l'acide attaque la paroi de l'estomac et l'endommage un peu. C'est ce qu'on appelle les brûlements d'estomac, un douloureux problème. Pour y remédier, les **gastroentérologues** suggèrent d'avaler des comprimés de carbonate de calcium (*Rolaids*). Ce produit basique capte alors les ions H^+ et fait baisser l'acidité de l'estomac.

L'acide chlorhydrique, par exemple, est un acide fort. Formé d'un atome de chlore et d'un atome d'hydrogène, l'acide chlorhydrique (HCl) se dissocie pour donner des ions Cl^- et des ions H^+ (des protons). L'hydroxyde de sodium (NaOH) est une base très forte. Ses molécules sont constituées d'un atome de sodium (Na) et d'un groupement hydroxyde (lui-même formé d'un atome d'oxygène et d'un atome d'hydrogène, OH). Il se dissocie en solution pour donner des ions Na^+ et des ions HO^-. Lorsqu'on mélange ensemble de l'acide chlorhydrique et de l'hydroxyde de sodium, les H^+ fournis par l'un s'associent au HO^- de l'autre pour former de l'eau, H_2O, et un peu de chaleur. Les ions Na^+ et Cl^- restants sont simplement du sel dissout.

L'agronome conseille l'exploitant agricole sur la fertilisation et les méthodes de culture.

Acide et base sont donc complémentaires. L'un donne des protons et l'autre les accepte. Un milieu trop acide peut ainsi être neutralisé si on lui ajoute un produit basique. Les agronomes le savent bien: lorsque la terre des champs est trop acide, ils suggèrent d'y répandre de la chaux, c'est-à-dire de l'oxyde de calcium, une base forte. Plusieurs savent qu'en mélangeant du vinaigre (acide acétique) à du bicarbonate de soude (*petite vache*), on obtient une réaction acidobasique qui produit du gaz carbonique. Mais attention, certaines réactions entre base et acide forts peuvent dégager beaucoup d'énergie, faire bouillir le mélange et projeter les liquides corrosifs dans tous les sens.

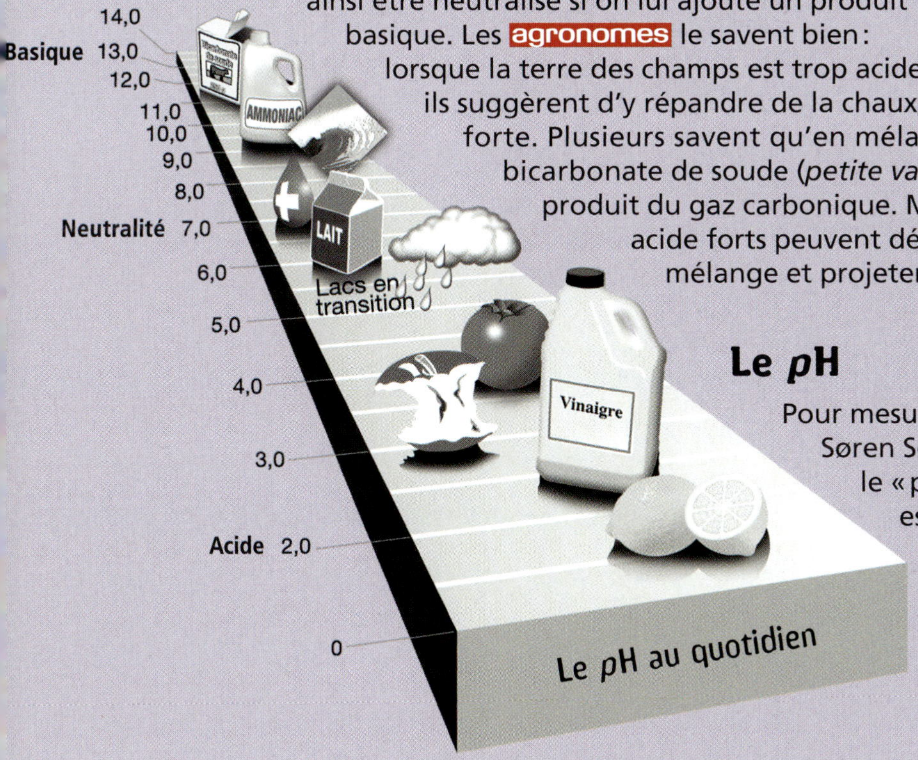

Le *p*H

Pour mesurer l'acidité d'une solution, le chimiste danois Søren Sørensen proposa une échelle en 1909 qu'il baptisa le « potentiel hydrogène », ou *p*H. Plus une solution est basique, plus son *p*H est élevé, alors que plus elle est acide, plus il est bas. L'échelle s'étend de 0 à 14, et chaque valeur vaut dix fois la valeur qui la précède. Le café, substance acide, a un *p*H de 5, alors que le *p*H de l'eau de mer, légèrement basique, est de 8. L'échelle du *p*H est très familière aux préposés à l'entretien de terrain de camping qui doivent mesurer régulièrement l'acidité de l'eau.

L'arme redoutable de la fourmi!

« Acide formique » vient du latin *formica*, qui signifie « fourmi ». Certains de ces insectes peuvent en effet émettre de leur abdomen un petit jet de cet acide pour se défendre s'ils sont menacés. D'autres invertébrés exploitent également les acides: quelques mille-pattes peuvent dégager de l'acide cyanhydrique envers leurs prédateurs, qui ont alors les yeux et les muqueuses irrités.

Des répercussions variées

LE NETTOYAGE DES FOSSILES

L'EXTRACTION DE MINÉRAUX

LES PLUIES ACIDES

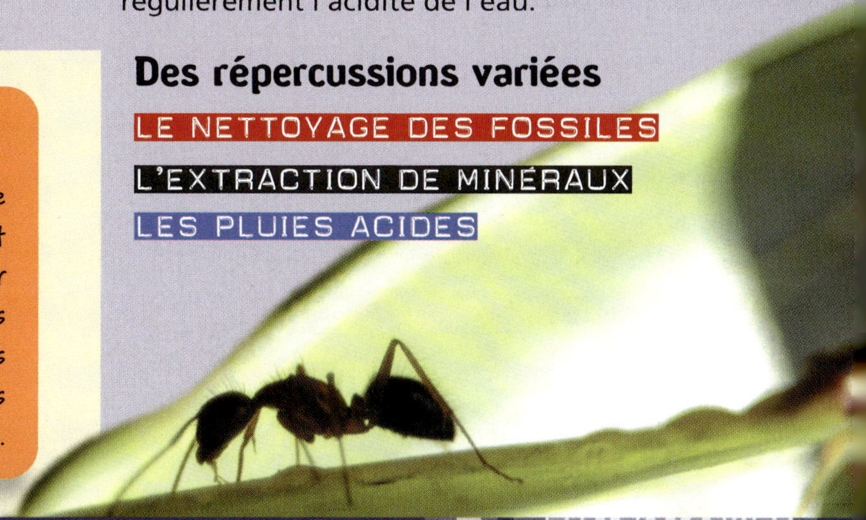

LE NETTOYAGE DES FOSSILES

Dévoiler les trésors du passé

« Enfin les vacances estivales! Avec tes parents, tu visites la Gaspésie pour la première fois. Qu'il est gros le rocher Percé! À marée basse, tu marches jusqu'au pied du colosse et, en observant le calcaire de près, tu distingues de petites formes de coquillage dans la roche. Tu viens de découvrir des fossiles! »

Les fossiles sont un témoignage de la vie d'autrefois et les **paléontologues**, ceux qui les étudient, sont en quelque sorte des **biologistes** du passé. Mais les fossiles, quand on les trouve dans la pierre, sont rarement aussi beaux et propres que ceux qui sont exposés dans les musées et mis en valeur par des **techniciens en muséologie**. Ils sont normalement recouverts de sédiments qu'il faut retirer.

Quand les **paléontologues** veulent dégager un fossile de la roche qui l'entoure, ils utilisent différents outils, dont de petits burins pneumatiques qui détachent la roche par vibration, tel un marteau-piqueur miniature. Mais ces méthodes sont risquées lorsqu'on travaille avec de petits fossiles fragiles.

Le **paléontologue**, armé de patience et des bons outils, découvrira une mine de renseignements cachés dans cette mâchoire!

On peut alors tenter de dissoudre les sédiments avec un acide, mais on doit choisir le bon. Il faut un acide qui détruit la pierre, mais qui préserve le fossile.

Les coquillages et les coraux, par exemple, se sont, dans certains cas, modifiés en silice lors de la fossilisation. Cette substance n'est pas attaquée par la plupart des acides. On peut même se servir de l'acide acétique, le composé qui donne son goût au vinaigre, pour dissoudre le sédiment qui entoure un tel fossile. On immerge alors ce dernier dans un bain d'acide faiblement concentré pendant parfois plusieurs semaines.

Dans certains cas, notamment pour les dinosaures et autres vertébrés, le fossile est fait d'os. Dans certains autres cas, comme pour les insectes, ils sont constitués de chitine, une protéine. Et dans d'autres encore, comme pour les plantes, ils sont faits de lignine et de cellulose. Dans un laboratoire de paléontologie, les **préparateurs de fossiles** doivent donc avoir à leur disposition une grande variété d'acides pour être en mesure de nettoyer tous les types de fossiles incrustés dans tous les types de roches. L'acide chlorhydrique attaque le calcaire et les oxydes de fer. L'acide fluorhydrique est l'un des rares acides à pouvoir dissoudre la silice, mais comme le verre est à base de silice, cet acide doit être gardé dans des contenants de plastique.

Os de la mâchoire d'un poisson qui a été extrait de sa gangue rocheuse à l'aide d'un acide doux.

Le préparateur de fossiles dégage un fossile de poisson de 380 millions d'années provenant de Miguasha, en Gaspésie.

Comme on utilise des acides de faible concentration et qu'il faut leur laisser le temps d'agir, la préparation d'un fossile demande une très grande patience. En plus des acides, les **paléontologues** se servent aussi d'outils aussi délicats que des crochets de dentiste, des pinceaux et des aiguilles d'acupuncture. Dans certains cas, des ultrasons peuvent être utilisés: comme les **dentistes** qui les utilisent pour détartrer les dents, leurs petites vibrations très rapides peuvent faire détacher les sédiments des surfaces solides.

LE PLUS VIEUX BÉBÉ DU MONDE!

Selam vivait en Afrique, il y a 3,32 millions d'années. Elle était un australopithèque et elle est morte vers l'âge de trois ans. Ses restes fossilisés ont été découverts par des **anthropologues** en 2000 et ont permis de belles découvertes sur cette espèce. Il aura toutefois fallu de la patience, car malgré sa petite taille, seuls le crâne et les bras de la fillette ont été dégagés après quatre ans de préparation. Et le travail continue...

Pour mieux comprendre l'évolution de l'Homme, l'anthropologue étudie parfois des ossements.

L'EXTRACTION DE MINÉRAUX

De la roche au métal

« En visite à Québec, tu apprends que la jolie couleur verte du toit du château Frontenac est due à l'oxydation du cuivre dont il est fait. À l'origine, il avait la brillante rougeur du cuivre pur, comme certains fils électriques et les sous neufs. Mais dans les mines où on l'a trouvé, ce cuivre était loin d'être pur... »

À 1,2 km sous terre : le garage de la mine.

Pour trouver les nouveaux gisements de minerai et les futures mines, les **géologues**, les **géophysiciens** et les **géochimistes** étudient attentivement la géologie de la surface du sol. Une fois le gisement découvert, les **ingénieurs géologues** et les **ingénieurs miniers** se consultent pour déterminer la meilleure façon d'y accéder.

Sur le chantier, les **techniciens en exploitation minière** supervisent le travail des **foreurs** qui percent des ouvertures pour accéder au minerai convoité. Leur équipement est entretenu par des **mécaniciens de chantier** et des **électriciens d'entretien**. Comme de nombreux métaux, le cuivre est habituellement trouvé dans une roche (minerai) sous forme oxydée (associée à de l'oxygène) ou sulfurée (associée à du soufre). Pour le purifier, il faut le mettre en présence d'un élément qui a encore plus d'affinités pour le cuivre que ces deux éléments. Les acides jouent ce rôle à merveille ; c'est grâce à eux qu'on peut obtenir des métaux purs comme le cuivre, l'aluminium, l'uranium...

Selon la nature de la mine, souterraine ou à ciel ouvert, le foreur utilise différents types de foreuse.

Le cas de l'uranium est un bon exemple. Dans les mines d'uranium, on extrait différents minéraux, comme la pechblende et l'uraninite. Dans les deux cas, il s'agit d'uranium associé à de l'oxygène. Les **opérateurs d'équipements de traitement de minerai** broient les minéraux pour obtenir une poudre que les **techniciens en minéralurgie** traitent à l'acide sulfurique pour en dissoudre l'uranium. L'uranium se retrouve alors en suspension dans cette solution acide, séparé de l'oxygène. On enlève la matière solide restante et on purifie la solution en utilisant différentes techniques chimiques. Les **opérateurs de salle de cuves** peuvent ensuite faire précipiter l'uranium sous forme solide, le filtrer et le sécher. Mais il ne s'agit pas encore d'uranium pur : cette fois, il est associé à de l'ammoniaque ou à du magnésium. De la mine, il part sous cette forme vers l'affinerie où il sera purifié pour donner des composés de qualité, aptes à fournir de l'énergie aux centrales nucléaires. À la mine comme à l'affinerie, ce sont les **mécaniciens** qui s'assurent que tous les appareils fonctionnent correctement à toutes les étapes.

De façon similaire, les **ingénieurs métallurgistes** et les **techniciens-métallurgistes** purifient l'or, le cuivre, l'argent, le nickel… Tous ces métaux avec lesquels on fabrique les pièces de monnaie du monde, les outils, les armatures métalliques, le service de couverts, les voitures…

L'**opérateur d'équipements de traitement de minerai** supervise l'ensemble des transformations que subit le minerai, du broyeur…

© Association minière du Québec

© Association minière du Québec

… aux cellules de flottation.

UN PEU D'HISTOIRE…

En 1940, durant la Seconde guerre mondiale, l'Allemagne envahit le Danemark. À l'Institut Niels Bohr de Copenhague, le **chimiste** George von Hevesy décide de cacher les prix Nobel remportés par deux de ses collègues (des médailles d'or) pour que les Nazis ne s'en emparent pas. Il les dissout dans un flacon rempli d'acide chlorhydrique (HCl) et d'acide nitrique (HNO_3). Cette solution, appelée « eau régale », est la seule à pouvoir dissoudre l'or. Pendant toute la guerre, le contenant passe inaperçu dans son bureau. À la fin du conflit, il récupère le métal par précipitation et la Fondation Nobel peut refrapper les médailles avec l'or original.

MÉTAL NATIF ?

Le cuivre est l'un des rares métaux à avoir été trouvé à l'état natif, c'est-à-dire naturellement pur. Les **archéologues** savent que les Amérindiens se fabriquaient des outils en cuivre. Aujourd'hui, les gisements natifs de surface ont pratiquement tous été exploités et le cuivre se trouve désormais plus en profondeur dans des mines.

LES PLUIES ACIDES

De la chimie dans les nuages

« Par un beau samedi d'été, tu pars en forêt avec ton frère pour votre traditionnelle partie de pêche annuelle. Arrivés à votre lac préféré, vous vous installez dans la chaloupe avec vos cannes en espérant rapporter un bon souper. Mais après plusieurs heures, vous vous rendez à l'évidence: les poissons se font rares. On a pourtant ensemencé ce lac l'an dernier... Et si c'était la faute aux pluies acides? »

Depuis plus d'un siècle, l'humain brûle de grandes quantités de combustibles fossiles, pétrole, charbon et gaz naturel. En plus de dégager d'importants volumes de gaz carbonique (voir **Pétrochimie**), ces pratiques envoient dans l'atmosphère toute sorte de composés plus ou moins polluants. Parmi eux, on trouve du dioxyde de soufre (SO_2) et des oxydes d'azote (NO et NO_2). Ces composés volatils très légers s'élèvent alors dans l'atmosphère.

Lorsqu'ils atteignent les nuages de la haute atmosphère, ils réagissent avec l'eau et deviennent de puissants acides: l'acide sulfurique (H_2SO_4) et l'acide nitrique (HNO_3). Ceux-ci retombent alors sur terre dans les précipitations: pluie, neige, grêle, grésil... Ces pluies acides peuvent atteindre un *p*H inférieur à 5,6, soit l'acidité d'une tasse de café.

Comme les polluants initiaux s'élèvent très haut dans l'atmosphère et que, comme l'observent les techniciens en météorologie, ils sont transportés par les hauts courants aériens, les pluies acides peuvent retomber à des milliers de kilomètres de leur site d'émission. En Amérique du Nord, les zones fortement industrialisées situées autour des Grands Lacs produisent beaucoup de polluants, mais les pluies acides qui en résultent tombent aussi loin vers l'est que sur la Nouvelle-Écosse.

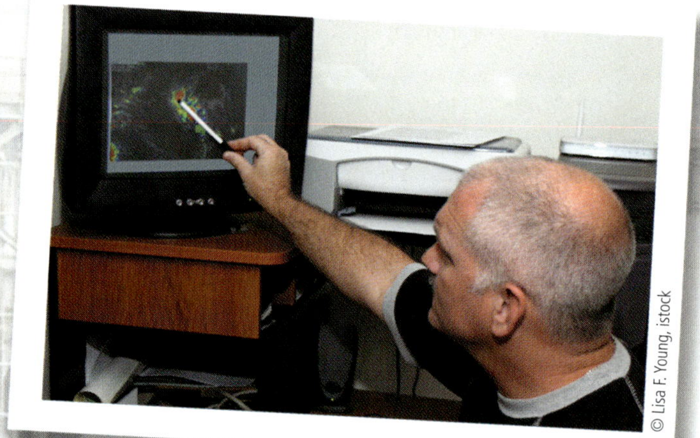

© Lisa F. Young, istock

L'écran radar, l'outil de base du technicien en météorologie.

LE PATRIMOINE MONDIAL Y GOÛTE!

Les pluies acides accélèrent l'érosion naturelle et dissolvent la pierre. Cela a été remarqué à l'Abbaye de Westminster en Angleterre. D'autres bâtiments faisant partie du patrimoine mondial ont été durement érodés ces dernières années, par exemple, le Taj Mahal, en Inde.

Les **techniciens en écologie appliquée** ont mesuré que les écosystèmes qui reçoivent ces précipitations deviennent donc graduellement de plus en plus acides. Dans les endroits où le sol est très calcaire, les sédiments (principalement du carbonate de calcium) jouent le rôle d'une base qui neutralise une bonne partie de cette acidité. Mais là où le sol est fait de granit inerte, l'acidité s'accumule dans le sol et les lacs. Les conséquences néfastes sont alors nombreuses sur les écosystèmes. Dans les lacs acides, les œufs des poissons sont fragilisés et leur développement perturbé. Les coquilles des crustacés et des mollusques sont aussi affaiblies, car elles contiennent du carbonate de calcium, qui est attaqué par les acides. Les métaux lourds, comme l'aluminium et le mercure, qui reposent normalement en petite quantité dans les sédiments du fond, sont dissous et remis en suspension dans l'eau, devenant toxiques pour les organismes vivants.

Un premier test pour cet échantillon de sol qui sera soumis à plusieurs autres quand le **technicien en écologie appliquée** rentrera au laboratoire.

Les sols acidifiés empoisonnent les arbres et tuent les micro-organismes qui fournissent des éléments nutritifs. Les pluies acides endommagent aussi directement les feuilles des arbres, qui ne peuvent plus produire de sucres par photosynthèse. Les plantes et les petits organismes à la base de la chaîne alimentaire sont empoisonnés et c'est tout l'écosystème qui finit par être bouleversé. Les acides rendant le calcium plus rare dans l'environnement, la croissance du squelette chez les vertébrés et la formation de la coquille des œufs des oiseaux peuvent être compromises.

Heureusement, l'on a réagi à cette problématique en installant des filtres à la sortie des cheminées des usines et en rendant obligatoires les pots catalytiques, qui réduisent les émissions polluantes des voitures. Les États-Unis et le Canada ont signé des ententes sur la qualité de l'air en 1991 afin de diminuer de 75 % les émissions polluantes responsables des pluies acides. Tous ces engagements sont vérifiés par des **inspecteurs des mesures antipollution** .

Un **technicien en équilibrage de l'air intérieur** à l'œuvre. Les spécialistes se multiplient dans le domaine du contrôle de la pollution !

LE MOT DE LA FIN !

Les réactions chimiques comme celles qui surviennent entre acides et bases permettent des applications fort concrètes et utiles : le débouchage des tuyaux domestiques, les transformations alimentaires (les œufs dans le vinaigre, tu connais ?), la purification des métaux… Mais il est essentiel pour les chimistes de bien les comprendre afin de prévoir leurs effets secondaires et les risques potentiels. Car si certaines substances acides peuvent faire de grandes choses en tant que médicament, d'autres peuvent être très dommageable si elles sont manipulées sans soin et sans l'équipement de protection de laboratoire adéquat, comme le sarrau, les gants, les lunettes protectrices…

Métiers et professions

LES RÉACTIONS ACIDOBASIQUES

Ils recherchent le juste équilibre

- Agronome (p. 105)
- Anthropologue (p. 107)
- Archéologue (p. 109)
- Biologiste (p. 106)
- Chimiste (p. 103, 104, 105, 109)
- Coiffeur (p. 102)
- Dentiste (p. 107)
- Électricien d'entretien (p. 108)
- Foreur (p. 108)
- Gastroentérologue (p. 104)
- Géochimiste (p. 108)
- Géologue (p. 108)
- Géophysicien (p. 108)
- Ingénieur géologue (p. 108)
- Ingénieur métallurgiste (p. 109)
- Ingénieur minier (p. 108)
- Inspecteur des mesures antipollution (p. 111)
- Mécanicien (p. 109)
- Mécanicien de chantier (p. 108)
- Opérateur d'équipements de traitement de minerai (p. 109)
- Opérateur de salle de cuves (p. 109)
- Paléontologue (p. 106, 107)
- Préparateur de fossiles (p. 107)
- Préposé à l'entretien de terrain de camping (p. 105)
- Technicien en écologie appliquée (p. 111)
- Technicien en équilibrage de l'air intérieur (p. 111)
- Technicien en exploitation minière (p. 108)
- Technicien en météorologie (p. 110)
- Technicien en minéralurgie (p. 109)
- Technicien en muséologie (p. 106)
- Technicien-métallurgiste (p. 109)

DERRIÈRE CHAQUE

BARRE DE CÉRÉALES

IL Y A...

Une innovation scientifique:

La nutrition

P. 116 et 117

Des applications de recherches en nutrition

Les boissons énergétiques...
P. 118 et 119

Les allergies alimentaires...
P. 120 et 121

Les nutraceutiques et les aliments fonctionnels...
P. 122 et 123

La barre de céréales

L'en-cas santé!

« Ton cours t'ennuie et tu meurs de faim. Ta montre n'indique que 10 h! Encore deux heures avant le dîner… Heureusement, dans ton sac, tu déniches une barre de céréales dans son emballage. Discrètement, tu ouvres l'emballage et tu grignotes en silence cette collation bienvenue. Avec cette bonne source d'énergie, de fibres et de vitamines, tu devrais tenir bon jusqu'à midi! »

Nutrition Facts
Valeur nutritive
Per 1 bar (35 g) / pour 1 barre (35 g)

Amount / Teneur	% Daily Value / % valeur quotidienne
Calories / Calories 140	
Fat / Lipides 4 g	6 %
Saturated / saturés 0.4 g + Trans / trans 0 g	2 %
Cholesterol / Cholestérol 0 mg	
Sodium / Sodium 65 mg	3 %
Carbohydrate / Glucides 22 g	7 %
Fibre / Fibres 5 g	20 %
Sugars / Sucres 11 g	
Protein / Protéines 5 g	
Vitamin A / Vitamine A	0 %
Vitamin C / Vitamine C	0 %
Calcium / Calcium	4 %
Iron / Fer	8 %

Une barre de céréales, c'est une collation santé qui apporte surtout de l'énergie sous forme de sucres naturels, mais aussi beaucoup de fibres, ce qui préserve la santé des intestins.

Quelques importants fabricants de biscuits traditionnels ont considéré le virage santé de leurs consommateurs, dont les exigences ont par conséquent changé, et ils fabriquent désormais des barres de céréales plus nutritives.

Chaque fois que la compagnie invente une nouvelle barre de céréales, elle doit élaborer une nouvelle recette, évaluer les valeurs nutritives des ingrédients, organiser des dégustations avec le public cible, planifier les modes de production industrielle, créer un emballage attrayant, concevoir une campagne publicitaire… Des tâches accomplies par une équipe multidisciplinaire composée, entre autres, de diététistes, de technologues en création de nouveaux produits alimentaires et d'ingénieurs-concepteurs dans l'industrie alimentaire.

La technologue en création de nouveaux produits alimentaires opère un chromatographe, appareil servant à analyser les arômes présents dans les denrées alimentaires.

À l'usine, les défis sont d'un autre ordre. Le mélange des ingrédients doit se faire de façon homogène pour que toutes les barres aient la même composition et le même goût. La compression pour faire des barres doit être suffisante, mais pas trop forte; la température et la durée de cuisson prescrites sont aussi très précises. Une fois la barre terminée, il faut une machine pour l'emballer dans son sachet individuel, puis une autre pour placer le bon nombre de barres dans une boîte. Toutes ces actions sont accomplies par des engins robotisés, qui ont été conçus et mis au point sur mesure par des **ingénieurs de la production automatisée**, des **techniciens en génie mécanique** et des **technologues en génie industriel**.

© Marc Archambault

L'entretien préventif, les modifications et les réparations d'équipements ponctuent le quotidien de l'**électromécanicien de systèmes automatisés**.

© Jacques Pharand

Assurer le fonctionnement d'une unité de fabrication automatisée fait également partie des tâches du **technologue en transformation de produits alimentaires**.

Les appareils sont opérés et surveillés par des **technologues en transformation de produits alimentaires**. Si une seule de ces machines tombe en panne, c'est toute la production qui est ralentie ou même arrêtée. Heureusement, les **électromécaniciens de systèmes automatisés** sont toujours sur place, prêts à intervenir pour tenter de réparer une machine défaillante, assistés des **aides-mécaniciens d'entretien d'usine**. C'est incroyable le nombre de personnes qui participent à la fabrication d'une barre de céréales !

UN PEU D'HISTOIRE...

Vers 1875, un certain Dr Kellogg (qui connaîtra du succès plus tard avec les *Corn Flakes*) invente le mot « granola ». Il s'agit d'une marque de commerce impopulaire pour des grains de céréales entiers croustillants.

Dans les années 1960, des commerçants ressuscitent le mot « granola » et ajoutent des noix et des fruits séchés à la recette originale. Les nouvelles céréales font une apparition importante en 1969 au Festival de Woodstock et leur succès est immédiat !

La compagnie Quaker est par la suite l'une des premières à compresser ses céréales sous forme de barre avant de les cuire. Plus récemment, on a à nouveau innové en attendrissant la barre de céréales grâce à de l'avoine non cuite. Ainsi la barre de céréales est née !

LA NUTRITION

La chimie des aliments

Grossir, suivre un régime, maigrir, grossir encore… Notre corps stocke naturellement l'énergie sous forme de **lipides** dans nos cellules adipeuses, mais ce phénomène n'a pas la cote dans notre société, où, on valorise les silhouettes sveltes et musclées. C'est une tendance très occidentale et toute récente, si, l'on jette un coup d'œil aux modèles de beauté du XIXe siècle ou même de la préhistoire.

L'être humain, comme tous les animaux, ingère de l'énergie en mangeant. Cela lui permet de rester en vie, de bouger, de grandir, etc. S'il y a des surplus, ils sont entreposés sous forme de graisse à différents endroits du corps.

Lors de périodes où la nourriture est rare, le corps puise dans ses réserves et elles diminuent. Résultat: on maigrit. Mais même si le jeûne persiste et que les réserves de gras sont épuisées, nous ne tombons pas en panne comme une voiture le ferait. Notre corps est capable de trouver l'énergie dans sa propre structure, c'est-à-dire dans ses **protéines**. Au tour des muscles de rapetisser.

© Jacques Pharand

Lors d'une consultation, la **nutritionniste** voudra tout connaître sur l'alimentation de son patient. Puis, elle lui suggérera une diète plus équilibrée.

Le sucre est le carburant indispensable des organes et notre corps est très efficace pour transformer le gras et les protéines en **glucides**. Ces transformations chimiques, qui se déroulent continuellement partout dans le corps, sont regroupées sous le terme *métabolisme*.

Comme le répètent les **nutritionnistes**, la santé n'est toutefois pas qu'une question de calories; elle dépend aussi de différents nutriments qu'on retrouve seulement dans certains aliments. Le **calcium** se trouve dans les produits laitiers et dans certains légumes. Le **fer** provient des viandes rouges, des légumes verts et des légumineuses. Les **vitamines** et les **sels minéraux** sont abondants dans les fruits, les légumes, etc.

Certains gras sont dangereux: les **gras saturés**, certaines formes de **cholestérol**, etc. À la longue, une alimentation trop grasse crée des dépôts qui bouchent les vaisseaux sanguins, ce qui peut mener à une crise cardiaque.

À l'opposé, certains gras sont indispensables à l'organisme. Les gras insaturés, comme les fameux **oméga-3** et **oméga-6**, sont nécessaires à la construction des parois de nos cellules.

Calcium: minéral indispensable à la vie. Il assure la minéralisation des os et des dents et permet les échanges entre les cellules.

Cholestérol: contribue à la formation des cellules et des hormones. Sous certaines formes, il peut être nocif en grande quantité dans le sang.

Fer: minéral nécessaire au transport de l'oxygène dans le sang.

Glucides: aussi appelé « hydrates de carbone » ou simplement « sucres ». Famille de molécules très énergétiques.

Gras saturés: gras d'origine principalement animale, augmentant les risques de maladies cardiovasculaires.

Lipides: matières grasses des êtres vivants. Famille de molécules nombreuses et variées.

Oméga-3 et oméga-6: famille de lipides nécessaires à la construction des membranes des cellules. Un oméga-6, l'acide linoléique, était autrefois appelé « vitamine F ».

Protéines: molécules qui assurent la structure des cellules de même que le transport de certaines substances dans le sang. Constituées d'une chaîne d'acides aminés.

Sels minéraux: au nombre de huit, ils permettent de nombreuses réactions chimiques: azote, fer, sodium, potassium, etc.

Vitamines: substances organiques nécessaires à des fonctions précises du métabolisme: vitamine A, B, C, D, E, K, etc.

Les problèmes de l'alimentation

Les comportements humains sont parfois étranges. Certaines personnes ont une perception d'elles-mêmes éloignée de la réalité et tentent d'y remédier par des comportements extrêmes. Constamment obsédées par leur alimentation, les personnes anorexiques et boulimiques, par exemple, vivent d'importantes souffrances.

La boulimie: Les personnes boulimiques subissent des attaques soudaines où elles ressentent le besoin de s'empiffrer le plus possible et le plus rapidement possible. Une fois bien repues, elles sont à la fois honteuses de s'être comportées ainsi et frustrées de n'avoir pu se contrôler, sans compter qu'elles subissent l'inconfort d'un estomac beaucoup trop plein. La solution immédiate est alors de provoquer des vomissements. Elles retournent ensuite à leurs occupations, jusqu'à la prochaine crise…

L'anorexie: Les personnes anorexiques, à l'inverse, mangent le moins possible et sont obsédées par la minceur. Celles qui souffrent de ce problème (1 à 2 % de la population, dont 90 % sont des femmes) font tout pour maigrir, y compris suivre des régimes excessifs et faire de l'activité physique soutenue et fréquente. Elles vivent parfois des crises ponctuelles de boulimie, qui finissent par des vomissements.

Le psychologue aide ses patients à trouver les causes de leurs difficultés personnelles.

© Jacques Pharand

Contrairement aux gens qui suivent un régime « conventionnel » et qui souhaitent atteindre un certain poids, la personne anorexique veut généralement toujours maigrir. Elle a l'illusion agréable de contrôler son corps. Étant donné ce plaisir de maigrir, elle ne se considère pas malade et refuse souvent d'être traitée. La perte de poids peut être extrême et la vie de la personne parfois menacée.

Derrière la boulimie et l'anorexie se cachent des problèmes psychologiques que les psychologues peuvent traiter par des rencontres régulières. La thérapie consiste généralement à fouiller dans l'histoire du patient afin de trouver le problème et tenter de le régler à la source. Ce traitement, s'il est facilité chez la personne boulimique, qui apprécie se faire aider, n'est cependant pas aisé chez la personne anorexique, qui nie son problème. Certains cas requièrent même une hospitalisation. Le patient est alors aidé par une équipe de spécialistes formée de psychiatres, de diététistes, de travailleurs sociaux de techniciens en nutrition clinique, d'infirmiers, etc.

© INAF

Rien n'est laissé au hasard quand la technicienne en nutrition clinique planifie des menus!

Trois applications des recherches en nutrition

LES BOISSONS ÉNERGÉTIQUES

LES ALLERGIES ALIMENTAIRES

LES NUTRACEUTIQUES ET LES ALIMENTS FONCTIONNELS

LES BOISSONS ÉNERGÉTIQUES

Des stimulants naturels?

« C'est l'été, il fait chaud et très humide. En pleine forêt, la chaîne de ton vélo de montagne vient de céder. Il te faut faire une pause. De la sueur plein les yeux, tu en profites pour ouvrir ta gourde et avaler plusieurs grandes gorgées de ta boisson désaltérante préférée. *Ça fait du bien*, te dis-tu, en commençant à réparer ta bécane... »

Mais qu'as-tu bu en fait? Les boissons comme Gatorade, Powerade et X Factor sont simplement faites d'eau, à laquelle on a ajouté du sucre, des sels minéraux et des saveurs artificielles. Elles permettent trois choses: compenser les pertes en eau dues à la transpiration, redonner un peu d'énergie grâce au sucre et fournir à ton organisme les sels minéraux qui sont allés en abondance dans la sueur.

Ces breuvages « énergétiques », qui ont été élaborés par des **technologues-spécialistes des produits alimentaires** et goûtés par des **dégustateurs experts**, assurent la réhydratation des sportifs qui bougent beaucoup. Une personne sédentaire n'a aucun intérêt à en boire, puisque ces boissons n'offrent qu'un apport de sucre supplémentaire au menu de sa journée. Les muscles du sportif en action fonctionnent mieux si celui-ci consomme une boisson qui contient entre 4 % et 8 % de glucides pendant un effort physique intense. C'est cette concentration qui favorise une meilleure absorption de l'eau dans les intestins: l'eau est digérée plus vite et permet aux muscles de refaire leur réserve de sucre rapidement et de bien fonctionner.

Seule dans son isoloir, la dégustratrice experte goûte un produit. Son verdict sera pris très sérieusement en considération par les concepteurs du produit.

Depuis quelques années, on trouve aussi sur le marché des boissons « énergisantes ». Développées par des **technologues en création de nouveaux produits alimentaires** et poussées par un puissant marketing, elles prétendent donner des ailes en augmentant l'énergie pour les activités physiques et psychologiques. Les fameuses boissons *Guru, Red Bull, RockStar, Monster, Full Throttle,* etc. sont en fait des stimulants, semblables au café, qui font oublier la fatigue sans vraiment donner plus d'énergie, quoique certaines marques constituent un apport important en sucre.

À cause de leur forte teneur en caféine (l'équivalent d'une tasse de café par portion), ces boissons ne favorisent pas l'hydratation et devraient être évitées lors d'efforts physiques importants. En plus de la caféine, elles contiennent des ingrédients soi-disant stimulants, mais dont les effets sur l'organisme ne sont pas encore tous connus. Les **diététistes** s'inquiètent, par exemple, de la présence de taurine, un acide aminé naturellement produit par notre organisme, mais dont les effets à forte dose et à long terme sont inconnus. De plus, malgré les prétentions des fabricants, la taurine n'a aucun effet stimulant ou énergisant démontré.

C'est pourquoi des équipes de travail, composées notamment de **techniciens en diététique**, étudient sérieusement l'innocuité de ces « potions magiques ». L'Agence canadienne d'inspection des aliments peut aussi demander à ses **inspecteurs des produits alimentaires** de visiter les usines de fabrication et de rédiger des rapports sur les méthodes de production.

© AAC-CRDA

© Agence canadienne d'inspection des aliments

Les milieux de travail des **inspectrices des produits alimentaires** sont très variés.

CONCENTRÉ DE CAFÉINE !

La poudre de guarana, souvent ajoutée aux boissons énergisantes, provient d'une plante cultivée en Amérique du Sud par les Amérindiens Guarani, qui l'utilisent en médecine traditionnelle pour soigner de nombreux maux. La caféine, jusqu'à cinq fois plus concentrée que dans le grain de café, est l'un des nombreux stimulants que contient sa graine.

LES ALLERGIES ALIMENTAIRES

Quand manger peut tuer

« Dans un avion, on distribue souvent comme collation des sachets de craquelins. Il n'y a pas si longtemps, on donnait des arachides. Pourquoi ce changement? C'est que l'ouverture simultanée de tous ces sachets d'arachides emplissait l'air de la cabine d'odeurs qui pouvaient déclencher des réactions chez les personnes allergiques aux arachides, même si elles n'en mangeaient aucune. »

Une allergie, c'est la réaction exagérée du corps humain face à un élément qu'il considère dangereux. Le système immunitaire des personnes allergiques est hypersensible à certaines substances, qu'on appelle « allergènes », et enclenche des réactions pour se protéger.

Tout commence par un premier contact avec la substance. Lorsqu'un enfant mange des œufs pour la première fois, par exemple, il n'aura aucune réaction. Mais son corps peut, par erreur, considérer certaines protéines de l'œuf comme des substances nocives. Certains globules blancs, comme s'ils ne voulaient pas se faire « prendre » une deuxième fois, développent alors des anticorps qui vont reconnaître la substance la fois suivante. On dit alors que la personne est sensibilisée.

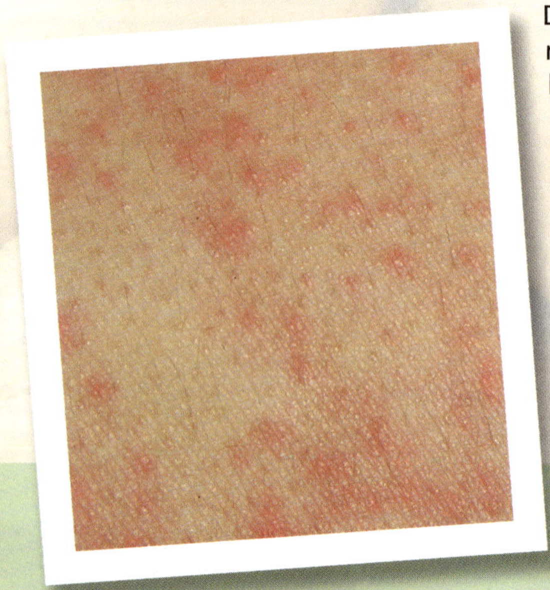

De fait, lorsque l'enfant mange des œufs à nouveau, le système immunitaire est prêt à se défendre contre l'invasion! Les globules blancs sécrètent alors une substance appelée « histamine », qui se propage dans les tissus entourant le point de contact avec l'allergène. Là, elle se lie à de petits récepteurs et déclenche des réactions. L'histamine est en quelque sorte un messager qui ordonne le branle-bas de combat à plusieurs organes. Les yeux commencent à picoter, le nez coule, la peau rougit, enfle et se couvre d'urticaire, les bronches rétrécissent et la respiration devient difficile il peut y avoir des vomissements, des diarrhées, des maux de ventre, etc.

STATISTIQUES PRÉOCCUPANTES!

Les allergies alimentaires touchent environ 3 % de la population, mais 8 % des enfants.

Comme l'histamine est la grande responsable de tous ces chambardements, c'est elle qu'on tente de déjouer avec les médicaments de prévention des allergies. Les antihistaminiques fournis par les **pharmaciens** portent bien leur nom, car ils empêchent l'histamine de jouer son rôle. Lorsque ces molécules arrivent aux organes cibles, elles s'attachent aux récepteurs et empêchent l'histamine de s'y lier.

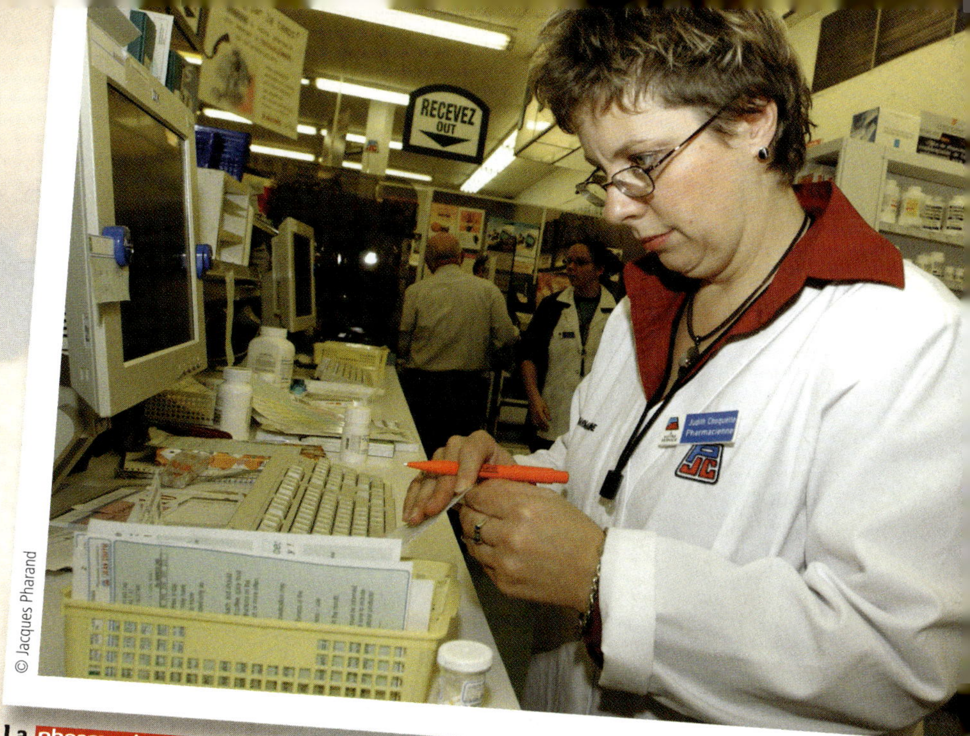

© Jacques Pharand

La pharmacienne vérifie l'ordonnance pour s'assurer que la dose prescrite correspond à celle préparée.

Dans certains cas plus graves, les réactions du corps sont extrêmes : le visage et la gorge enflent au point d'empêcher la respiration, la pression sanguine devient très faible et le cœur peut s'arrêter. C'est le choc anaphylactique, un état grave en présence duquel il faut intervenir très rapidement pour éviter la mort. Dans ce cas, on n'a pas le temps d'attendre l'effet des antihistaminiques : on injecte à la victime une bonne dose d'adrénaline. Cette substance a des effets contraires à ceux de l'histamine : elle fait augmenter la pression sanguine et dégage les voies respiratoires. Le fameux Epipen, que certaines personnes allergiques transportent avec elles en tout temps, est en fait une seringue contenant une dose d'adrénaline que la victime doit s'injecter en cas d'urgence. L'administration d'adrénaline n'est toutefois pas suffisante : elle permet uniquement de se rendre sans danger à l'hôpital pour rencontrer les **allergologues** qui pourront donner d'autres traitements.

Pour identifier les agents allergènes auxquels réagit le patient, l'allergologue effectue différents tests.

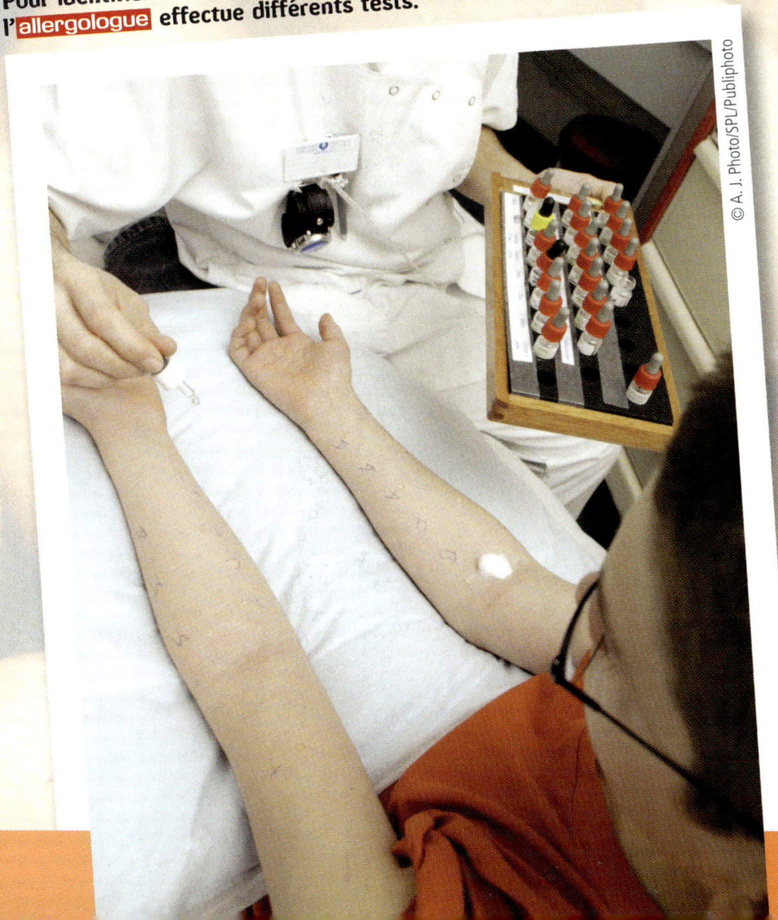

© A. J. Photo/SPL/Publiphoto

LES NUTRACEUTIQUES ET LES ALIMENTS FONCTIONNELS

Pour vivre mieux et plus longtemps !

« Les Amérindiens qu'a rencontrés Jacques Cartier étaient en quelque sorte des pionniers de la recherche en alimentation. Ils connaissaient déjà les vertus des tisanes faites à partir d'épines et d'écorce de cèdre blanc pour combattre le scorbut, cette maladie répandue chez les marins qui manquaient de fruits et de légumes frais. »

De nos jours, on appellerait peut-être cette décoction un « aliment fonctionnel », c'est-à-dire un aliment dont on a démontré qu'il procure des bienfaits particuliers à l'organisme. On sait maintenant que l'ingrédient actif de cette tisane est l'acide ascorbique ou, en d'autres mots, la bonne vieille vitamine C.

En 1928, on a réussi à isoler la vitamine C de différents aliments. Les premiers comprimés de vitamine C ont alors vu le jour et les gens ont pu en ajouter à leur alimentation. Aujourd'hui, on parlerait de *nutraceutique*. Un nutraceutique, c'est un produit bénéfique pour l'organisme, qui a été isolé ou purifié à partir d'aliments.

© INAF

Le microbiologiste optimise la croissance des bactéries bénéfiques (probiotiques) dans les aliments fermentés.

À l'Université Laval, l'Institut des nutraceutiques et des aliments fonctionnels (INAF) investit beaucoup de temps et d'argent dans la recherche sur ces « aliments » aux vertus bénéfiques. Les chercheurs s'intéressent à l'effet des nutraceutiques et des aliments fonctionnels sur la prévention de maladies chroniques, comme le diabète, les maladies cardiovasculaires, les maladies du système immunitaire (allergies et arthrite) et certains cancers. Ingénieurs alimentaires, nutritionnistes, chimistes, microbiologistes, biologistes moléculaires, spécialistes en science de la consommation, et autres unissent leurs efforts pour identifier les aliments les plus efficaces contre ces maladies et pour développer de meilleurs aliments pour la population : leur but est de prévenir les maladies plutôt que de les guérir.

© INAF

Le scientifique en produits alimentaires élabore un nouveau procédé pour isoler un nutraceutique.

Les aliments les plus prometteurs, pour l'instant, sont les petits fruits, le lait, les aliments fermentés, comme le yogourt, de même que le poisson. Déjà, les **scientifiques en produits alimentaires** ont démontré que la canneberge est un aliment fonctionnel à plusieurs titres : elle prévient les risques d'infections urinaires, elle diminue la concentration de cholestérol dans le sang et elle a un effet préventif sur certaines formes de cancer. On vient même de lui découvrir certains effets contre l'acné.

Les gras de type oméga-3, que l'on retrouve entre autres dans les graines de lin et dans les poissons gras (saumon, maquereau, etc.), ont également des qualités « fonctionnelles ». Ils permettent de renforcer les défenses de l'organisme contre les inflammations et les maladies du cœur. Il existe sur le marché des œufs enrichis en oméga-3, simplement parce que les poules qui les pondent consomment… des graines de lin ! Tous ces gras bénéfiques sont toutefois très fragiles. Les **extracteurs d'huiles végétales** doivent donc faire leur travail avec précaution, afin que ces gras ne se transforment pas en gras inutiles. La cuisson et l'emballage stérile des aliments par les **autoclavistes** sont aussi des étapes critiques.

Les nutraceutiques peuvent provenir de végétaux, de bactéries, de champignons, de poissons et d'autres animaux. Tous les êtres vivants qui nous entourent représentent en fait un bassin potentiel de molécules dont on ignore encore toutes les propriétés bénéfiques pour nous, et c'est à cette tâche que se consacrent les **technologues en bactériologie** et les **technologues-spécialistes des produits alimentaires** des unités de recherche et développement des entreprises qui développent des aliments fonctionnels.

Peut-être verra-t-on un jour dans nos assiettes des aliments enrichis de toutes sortes de nutraceutiques et qui nous permettront de vivre sans problème jusqu'à 100 ans !

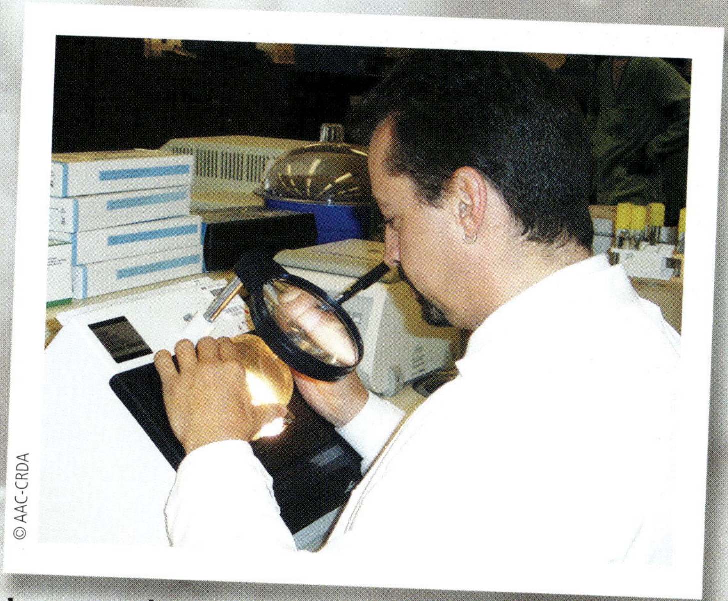

Le compteur de colonies permet au technologue en bactériologie de dénombrer les colonies de bactéries qui ont été mises en culture dans la boîte de Pétri.

LE MOT DE LA FIN !

L'alimentation est une « vieille » activité : les humains ont toujours mangé ! Pourtant, voilà seulement quelques dizaines d'années que l'on s'intéresse scientifiquement à la nutrition, à ses bienfaits, à ses répercussions, et qu'on tente de départager les bons aliments des moins bons ou d'en produire de meilleurs. Pour cela, il faut connaître le fonctionnement du corps humain et la chimie des aliments.

Le Québec et sa population vieillissante ont tout intérêt à favoriser la recherche dans ces domaines. Meilleure sera notre alimentation, moins graves seront les problèmes de santé que nous subiront à l'âge où le corps se défend plus difficilement.

Métiers et professions

LA NUTRITION

Ils jonglent avec les glucides, les lipides, les proteines

- Aide-mécanicien d'entretien d'usine (p. 115)
- Allergologue (p. 121)
- Autoclaviste (p. 123)
- Biologiste moléculaire (p. 122)
- Chimiste (p. 122)
- Dégustateur expert (p. 118)
- Diététiste (p. 114, 117, 119)
- Électromécanicen de systèmes automatisés (p. 115)
- Extracteur d'huile végétale (p. 123)
- Infirmer (p. 117)
- Ingénieur alimentaire (p. 122)
- Ingénieur de la production automatisée (p. 115)
- Ingénieur-concepteur dans l'industrie alimentaire (p. 114)
- Inspecteur des produits alimentaires (p. 119)
- Microbiologiste (p. 122)
- Nutritionniste (p. 116, 122)
- Pharmacien (p. 121)
- Psychiatre (p. 117)
- Psychologue (p. 117)
- Scientifique en produits alimentaires (p. 122, 123)
- Spécialiste en science de la consommation (p. 122)
- Technicien en diététique (p. 119)
- Technicien en génie mécanique (p. 115)
- Technicien en nutrition clinique (p. 117)
- Technologue en bactériologie (p. 123)
- Technologue en création de nouveaux produits alimentaires (p. 114, 119)
- Technologue en génie industriel (p. 115)
- Technologue en transformation de produits alimentaires (p. 115)
- Technologue-spécialiste des produits alimentaires (p. 118, 123)
- Travailleur social (p. 117)

1 Titre du métier ou de la profession

Les titres retenus proviennent, en très grande majorité, du *Dictionnaire Septembre des métiers et professions* qui répertorie les appellations les plus couramment utilisées dans la documentation professionnelle, notamment la classification nationale des professions (CNP) et le système informatisé *Repères*. Précisons que le terme « technologue » regroupe les techniciens qui sont admissibles ou font partie de l'Ordre des technologues professionnels du Québec.

2 Définition

Description des principales tâches que comporte le métier ou la profession.

3 Ordre d'enseignement

S : Secondaire ou l'équivalent

FP : Formation professionnelle

C : Collégial ou l'équivalent

U : Universitaire ou l'équivalent

4 Programme de formation

Comme il s'agit d'un ouvrage d'exploration professionnelle, un seul programme par métier ou profession a été retenu, sauf dans le cas où un diplôme peut être obtenu au niveau collégial ou au niveau universitaire. Pour connaître l'ensemble des programmes offerts en lien avec un métier ou une profession, consultez les guides *Choisir* disponibles sur monemploi.com (http://ch.monemploi.com/). Ce site présente également la liste des établissements offrant ces programmes, incluant leurs coordonnées.

Si aucun programme n'est identifié, c'est que la formation n'est pas offerte par un établissement accrédité.

5 Numéro d'identification du ministère de l'Éducation, du Loisir et du Sport

Ce numéro d'identification du programme correspond à celui des documents officiels. Il peut être utilisé dans le moteur de recherche des guides *Choisir* en ligne.

6 Page où l'on présente le métier ou la profession

1 6

Acousticien p. 31

2 Personne qui est spécialiste dans la propagation du son qui intervient de façon préventive et corrective dans le but de réduire les nuisances sonores (bruits aériens et routiers, bruits d'impact dus à la chute d'objets, bruits de construction, etc.) et de les rendre acceptables par tous. Elle établit un diagnostic des nuisances sonores, les classe et les enregistre selon leur nature, en mesure précisément le niveau, exprimé en décibels, et propose des solutions telles que l'élévation de façades protectrices le long des autoroutes, l'isolation acoustique des nouvelles constructions, l'aménagement de cages d'escalier ou le réglage d'appareils de climatisation. Elle participe également à l'optimisation acoustique de salles de concert et d'auditoriums.

U *Génie mécanique* (15360)

3 4 5

A

Acousticien

p. 31

Personne qui est spécialiste dans la propagation du son et qui intervient de façon préventive et corrective dans le but de réduire les nuisances sonores (bruits aériens et routiers, bruits d'impact dus à la chute d'objets, bruits de construction, etc.) et de les rendre acceptables par tous. Elle établit un diagnostic des nuisances sonores, les classe et les enregistre selon leur nature, en mesure précisément le niveau, exprimé en décibels, et propose des solutions telles que l'élévation de façades protectrices le long des autoroutes, l'isolation acoustique des nouvelles constructions, l'aménagement de cages d'escalier ou le réglage d'appareils de climatisation. Elle participe également à l'optimisation acoustique de salles de concert et d'auditoriums.

U *Génie mécanique* (15360)

Acteur

p. 83

Personne qui interprète un rôle dans une production théâtrale, une production cinématographique, une émission télévisée ou une production multimédia. Elle doit étudier la psychologie du personnage dont elle joue le rôle afin de l'incarner de manière convaincante. Elle apprend le texte, ainsi que les expressions et les gestes requis par l'interprétation, et elle participe aux répétitions dirigées par le metteur en scène.

C *Interprétation théâtrale* (561.C0)

U *Art dramatique / Études théâtrales / Théâtre* (15907)

Adjoint médical

p. 47

Personne qui, en tant que membre des forces armées, aide les médecins et le personnel infirmier à offrir des services médicaux de qualité aux militaires blessés ou malades. Ses principales tâches consistent à donner les premiers soins et les soins de base en traumatologie, à transporter les malades et les blessés et à les mettre à l'abri. Elle participe aussi au sauvetage de militaires blessés, donne des conseils sur la prévention des maladies, utilise et entretient le matériel médical ainsi que l'équipement de survie. Elle veille également au réapprovisionnement des unités médicales en fournitures générales et spécialisées.

C *Soins préhospitaliers d'urgence* (181.A0)

Affûteur d'outils de machines à bois

p. 34

Personne qui aiguise, entretient et répare les éléments tranchants de différentes machines à bois industrielles. Elle nettoie les lames et règle leur tension de manière précise, puis veille à ce que l'affûtage soit correct et corresponde au type de couteau ou de scie à remettre en état. Elle teste enfin les outils de coupe affûtés et prend des notes relativement à leur nouveau rendement.

FP *Affûtage* (5073)

Agent de conservation de la faune

p. 70

Personne qui assure la protection de la faune et de son habitat, des parcs et des réserves fauniques ainsi que de l'environnement. Elle effectue des patrouilles en camion, en aéronef, en bateau ou à pied afin de s'assurer que n'est commise aucune infraction aux lois et règlements sur la faune (absence de permis, capture de poissons ou de gibier d'espèces interdites ou en quantité illégale, méthodes de capture non autorisées) ou afin de signaler aux autorités concernées les situations d'urgence (déversement de pétrole ou de produits chimiques, par exemple). En cas de délit, elle enquête afin que les responsables soient identifiés et poursuivis et elle peut être appelée à comparaître à titre de témoin devant les tribunaux. Dans une optique de prévention, elle participe à la mise au point de techniques visant à protéger les habitats fauniques ou les zones riches en poissons, renseigne les chasseurs et les pêcheurs sur les lois de protection en vigueur, sur les règlements concernant les sites et sur les règles de sécurité relatives au matériel de chasse et de pêche. Enfin, elle organise, auprès de jeunes et d'adultes, des rencontres éducatives au cours desquelles elle met l'accent sur la prévention de la faune et de la flore.

FP *Protection et exploitation de territoires fauniques* (5179)

Agronome

p. 105

Personne qui fait des recherches et des expériences en vue d'améliorer la fertilité des sols, la protection de l'environnement, la qualité des récoltes, la production des troupeaux, la régie et la rentabilité des entreprises agricoles. Elle met au point des méthodes de récolte, de traitement et de transport des fruits et légumes, développe et expérimente des techniques permettant d'améliorer la rentabilité des entreprises agricoles, cherche des débouchés pour les produits agricoles, rédige des rapports de recherche ou des articles scientifiques dans des revues spécialisées. Elle intervient également auprès des agriculteurs et des exploitants d'entreprises agricoles, para-agricoles ou alimentaires afin de les conseiller (méthodes de culture, soin des animaux, prévention des maladies, gestion de l'entreprise, etc.), de les aider à trouver des solutions aux problèmes qu'ils éprouvent ou de les guider dans la construction des bâtiments et le choix de la machinerie. Elle prépare et anime des rencontres d'information à l'intention des exploitants agricoles et d'autres groupes concernés par ce domaine d'activités.

U *Agronomie* (15302)

Aide-mécanicien d'entretien d'atelier ou d'usine

p. 115

Personne qui, dans une usine ou un atelier, participe à l'installation, à l'entretien et à la réparation de la machinerie, de la plomberie, des installations électriques et des autres systèmes, afin de faciliter le travail du mécanicien d'entretien. Elle doit respecter les directives reçues de manière à contribuer au bon fonctionnement de l'usine ou de l'atelier.

FP *Aide-mécanique d'entretien* (AFP 7140)

Aide-soudeur

p. 25

Personne qui est chargée de travaux de manutention et d'opérations simples en rapport avec le soudage : assemblage, réglage des machines à souder, brasage, oxycoupage, etc. Elle travaille en collaboration avec la personne responsable du soudage (soudeur ou soudeur-monteur) et l'assiste dans la fabrication et la réparation d'articles en métal. Elle suit ses recommandations de manière à réaliser des soudures solides et précises.

FP *Aide en soudage général* (AFP 7084)

Ajusteur-monteur d'aviation

p. 98

Personne qui monte, assemble et ajuste les diverses composantes des structures des avions. Elle prépare d'abord les éléments préfabriqués (fuselage, sections des ailes et de l'empennage, train d'atterrissage) en exécutant, entre autres, le pliage, le limage et le perçage des pièces, et puis elle procède au rivetage selon les plans fournis. Elle doit avoir un grand souci de précision et respecter les étapes et les plans de préassemblage et d'assemblage afin que les avions qu'elle aura contribué à construire respectent les normes de qualité et de sécurité établies par le ministère des Transports.

FP *Montage mécanique en aérospatiale* (5307)

Allergologue

p. 121

Personne qui, à titre de médecin spécialiste, dépiste les allergies et les maladies du système immunitaire. Elle soumet ses patients à différents tests de réaction afin d'identifier les agents allergènes auxquels leur organisme est hypersensible et prescrit un traitement visant à soulager les symptômes des allergies (difficultés respiratoires, éruptions cutanées, démangeaisons, œdème, larmoiement, écoulement nasal, etc.). Elle renseigne ses patients au besoin sur les modifications à apporter à leur environnement ainsi que sur des habitudes à acquérir pour prévenir les réactions allergiques, prescrit des médicaments et administre des vaccins désensibilisants.

U *Médecine* (15106)

Analyste en informatique

p. 80

Personne qui, à titre de spécialiste des sciences de l'informatique, analyse les besoins des usagers en matière de traitement de l'information pour ensuite y répondre en développant des systèmes informatisés ou des logiciels d'application. Elle identifie les ressources et élabore des modèles mathématiques nécessaires à l'implantation. Elle planifie la programmation, évalue les logiciels et les modifie au besoin. Elle s'occupe également de l'élaboration des spécifications fonctionnelles et des spécifications de conception des programmes.

U *Informatique de gestion / Informatique et génie logiciel* (15340)

Animateur 2D et 3D

p. 83

Personne qui réalise et anime des images de synthèse ou numériques en deux dimensions (2D) ou en trois dimensions (3D), en vue de créer des éléments graphiques qui simulent le mouvement. À l'aide de différents logiciels et en fonction du scénario, elle modélise les objets statiques et les objets à animer (personnages, éléments du décor, etc.), assigne les paramètres de manipulation, gère les intervalles d'animation et crée les effets spéciaux à intégrer à l'animation. Elle produit des esquisses, des prototypes et des maquettes animées du projet à réaliser. Elle applique des textures et des couleurs afin d'habiller les surfaces et met en place les éclairages nécessaires.

C *Techniques d'animation 3D et synthèse d'images* (574.B)

U *Communication (médias interactifs)* (15410)

Anthropologue

p. 107

Personne qui fait des recherches sur les sociétés humaines (sur les plans social, culturel, ethnique, professionnel ou autre), dans le but de mieux les comprendre et de les aider à accepter certains changements technologiques, économiques, sociaux ou culturels. Elle définit les problématiques de recherche, étudie l'histoire des sociétés ciblées et observe leur transformation et leur évolution (mode de vie, langue, caractéristiques physiques, fonctionnement social, système de valeurs); elle mène des enquêtes afin de mieux comprendre et expliquer les divers aspects de cette évolution et de permettre, le cas échéant, une meilleure intervention sociale. Elle fait connaître le résultat de ses recherches par des rapports, des publications et des consultations auprès de divers organismes. Elle participe également à la conception et à la réalisation de programmes de développement pour les minorités ethniques et les pays en voie de développement. Elle peut être amenée à travailler en collaboration avec des sociologues, des démographes, des archéologues ou d'autres spécialistes de domaines connexes.

U *Anthropologie* (15432)

Archéologue

p. 96, 109

Personne qui dirige des fouilles archéologiques dans le but de trouver des traces du passé (tels des ossements, des vases, de la monnaie ou des outils) qui permettront de reconstituer l'histoire ou de connaître le mode de vie des personnes ou des sociétés ayant vécu sur un site déterminé. Elle évalue d'abord le potentiel archéologique d'un lieu, recommande ou non les fouilles, puis coordonne et dirige les travaux sur le terrain. Elle catalogue les objets trouvés, les analyse en laboratoire, regroupe les données recueillies, les interprète et complète ses découvertes par des recherches dans les musées, les bibliothèques, les archives, etc. Enfin, elle rédige des rapports sur les résultats des recherches et travaille au perfectionnement des méthodes d'analyse et d'interprétation du passé. Elle doit tenir compte de tous les indices relevés, de manière à pouvoir rendre fidèlement compte de la réalité étudiée et, ultimement, mieux faire connaître l'évolution des sociétés d'hier à aujourd'hui.

U *Archéologie / Ethnologie* (15432)

Architecte

p. 95

Personne qui travaille à la conception et à l'élaboration de plans et de devis de bâtiments résidentiels, commerciaux, industriels ou autres en vue de leur construction, leur conservation, leur rénovation ou leur réaménagement. Elle consulte d'abord son client pour évaluer ses besoins, le conseille sur le choix des systèmes constructifs et des matériaux ainsi que sur tout autre élément en lien avec le projet de construction (style, dimensions, etc.), puis l'informe des coûts estimés des travaux et du calendrier de réalisation. Avant de dessiner les plans précis et détaillés, elle prépare des études préliminaires et présente au client le projet sous forme de maquettes ou d'esquisses afin de s'assurer de bien répondre à ses aspirations. Elle prend éventuellement conseil auprès des divers spécialistes collaborant au projet et veille à ce que les travaux soient conformes à ses plans et devis.

U *Architecture / Design architectural* (15332)

Architecte de systèmes informatiques

p. 86

Personne qui est responsable de la conception, du développement, de l'évaluation et de l'intégration des composantes d'un système informatique. En collaboration avec une équipe de travail en informatique, elle décide, entre autres, du choix des logiciels, des langages de programmation et des banques de données dans le but de développer un système informatique qui réponde aux besoins de la clientèle.

U *Génie des technologies de l'information* (15340)

Assembleur de matériel électronique

p. 79

Personne qui assemble des composants électroniques. Ses principales tâches consistent à monter et à souder manuellement divers composants électroniques (transistors, condensateurs, circuits intégrés, commutateurs, etc.) ainsi que des microcircuits, à actionner des appareils automatiques et semi-automatiques pour placer, souder et nettoyer certains composants, à vérifier le matériel électronique assemblé, à réparer les ensembles défectueux ou à les retourner aux services de production et, finalement, à remplir des formulaires de suivi de production.

FP *Assemblage de matériel électronique* (AFP 7057)

Assembleur de matériel informatique

p. 81

Personne qui assemble des composants électroniques en vue de fabriquer du matériel informatique de bonne qualité. Ses tâches consistent, entre autres, à assembler le matériel et à le vérifier (carte mère, bloc d'alimentation, carte vidéo, carte de son, lecteur de cédérom, etc.), à effectuer des essais et des tests à l'aide des logiciels appropriés, à emballer et à étiqueter les produits et enfin à remplir les formulaires de contrôle.

FP *Assemblage de matériel informatique* (AFP 7169)

Assembleur de véhicules automobiles

p. 67

Personne chargée d'une étape spécifique de l'assemblage de véhicules automobiles consistant à assembler ou à mettre en place des pièces préfabriquées qui servent à constituer l'intérieur ou l'extérieur d'automobiles, de camions ou d'autobus, au fur et à mesure que les véhicules en cours de montage avancent sur le transporteur. Pour ce faire, elle doit bien interpréter les dessins techniques et les plans afin d'ajuster et de régler les machines et l'équipement en conséquence. Elle doit exécuter ses tâches avec précision et efficacité et dans les délais prévus afin de ne pas ralentir la production.

S

Assembleur-confectionneur en matériaux composites

p. 99

Personne qui, dans une usine de matériel aéronautique, fabrique et assemble des pièces en matériaux composites (formés de différents alliages) destinées à la construction d'avions. À l'aide de machines et d'équipements spéciaux, elle doit préparer ces pièces, les couper et les ajuster minutieusement afin d'en faciliter l'assemblage. Ensuite, en les assemblant, elle utilise des matériaux de liaison pour que le tout soit bien solide et pour obtenir les résultats finaux escomptés.

S

Assistant dentaire

p. 96, 97

Personne qui assiste le dentiste ou tout autre spécialiste de la santé dentaire durant les examens et les traitements que les patients subissent. Elle accueille la clientèle, prépare les instruments, le matériel et les médicaments nécessaires à l'intervention et fournit le nécessaire au fur et à mesure au dentiste. Pendant le traitement, elle procède à l'aspiration de la salive et au rinçage de la bouche et étanche le sang. Elle s'occupe également de la stérilisation et de l'aiguisage des instruments ainsi que de l'entretien des accessoires et des appareils. De plus, elle exécute des tâches de bureau telles que fixer les rendez-vous, recevoir les honoraires, classer les dossiers, tenir à jour l'inventaire et expédier les moulages aux laboratoires.

FP *Assistance dentaire* (5144)

Assistant technique en pharmacie

p. 44

Personne qui assiste le pharmacien dans la préparation des ordonnances, la création et la mise à jour des dossiers-patients ainsi que la distribution et la vente de médicaments et de produits pharmaceutiques. Elle reçoit les clients au comptoir, s'informe de leurs besoins et recueille l'information nécessaire pour exécuter leurs prescriptions médicales. Elle sort les dossiers, prépare les médicaments, étiquette les produits pharmaceutiques et les enregistre à la caisse, puis effectue les transactions monétaires. Elle classe et range les médicaments, les dossiers et les ordonnances et tient à jour l'inventaire des médicaments et des produits pharmaceutiques.

FP *Assistance technique en pharmacie* (5302)

Autoclaviste

p. 123

Personne qui s'occupe de la cuisson des aliments (fruits, légumes, viandes, condiments, poissons, etc.) en vue de leur mise en conserve ou de l'extraction de produits dérivés. Elle pèse ou mesure les ingrédients, les fait cuire, surveille la cuisson et nettoie les chaudrons. Elle s'acquitte de toutes ses tâches avec minutie et précision (temps de cuisson, normes d'hygiène, etc.), garantissant ainsi la fraîcheur et la qualité des produits. Elle peut également devoir remplir des contenants à l'aide d'une machine qui en plus, les étiquette et les ferme hermétiquement.

S

B

Bactériologiste

p. 47

Personne qui, en tant que spécialiste de la microbiologie, étudie les bactéries et autres organismes unicellulaires, en vue de déterminer leur nature ainsi que leurs caractéristiques et d'évaluer leur caractère nuisible ou bénéfique pour l'environnement humain, végétal ou animal. Elle commence par identifier les bactéries, puis elle les classe, les isole, en fait des cultures, procède aux analyses chimiques et biologiques et observe leurs comportements afin de pouvoir contrôler leur développement, c'est-à-dire de les éliminer ou de les utiliser, s'il y a lieu, dans des domaines comme la santé, la médecine, l'alimentation, l'agriculture et l'industrie. Elle supervise le travail du personnel technique durant les expériences et rend compte des résultats de ses recherches par des articles et des communications scientifiques portant sur les aspects étudiés. Elle participe également à des congrès scientifiques.

U *Biologie / Biologie en apprentissage par problèmes / Biotechnologie / Écologie / Sciences biologiques / Sciences biologiques et écologiques* (15200)

Biochimiste

p. 51, 54

Personne qui fait des recherches et des analyses en laboratoire, en vue de mieux comprendre la structure et les propriétés de la matière vivante et les aspects chimiques des fonctions et processus vitaux comme la digestion, la croissance et le vieillissement. Elle s'intéresse aussi aux effets qu'ont les aliments, les vitamines, les médicaments et les hormones sur l'organisme. Elle peut en arriver à mettre au point de nouveaux médicaments, des sérums, des vaccins ou des méthodes de conservation des aliments, et à concevoir du matériel, des procédés ou des techniques de recherche et d'analyse. Elle doit rédiger des rapports pour communiquer les résultats de ses expériences et faire des recommandations si nécessaire. Son travail vise avant tout à permettre de trouver des applications pratiques aux recherches, dans divers domaines comme la médecine, l'agriculture, l'écologie ou la biotechnologie.

U *Biochimie / Biochimie et biotechnologie* (15214)

Biologiste

p. 49, 55, 106

Personne qui, à titre de spécialiste des sciences naturelles, effectue des recherches expérimentales et théoriques sur les organismes vivants et les phénomènes relatifs à la vie dans toutes ses manifestations. Ses recherches sur l'évolution, la physiologie, la reproduction, la zoologie, la botanique ou l'écologie visent particulièrement à accroître les connaissances scientifiques et à découvrir des applications possibles de la biologie dans différents domaines (santé humaine et animale, agriculture, élevage, foresterie, environnement, etc.). Elle peut également effectuer des travaux sur le terrain (inventaire, surveillance et aménagement des habitats naturels, etc.) en vue d'étudier les caractères propres à certaines espèces, de protéger la biodiversité ou de contrôler le développement des populations. Enfin, elle peut être amenée à fournir des services-conseils dans le cadre de projets relatifs à l'écologie, à l'écotourisme ou à la diffusion des connaissances scientifiques en biologie.

U *Biologie / Biologie en apprentissage par problèmes / Biotechnologie / Écologie / Sciences biologiques / Sciences biologiques et écologiques* (15200)

Biologiste moléculaire

p. 42, 54, 122

Personne qui étudie les phénomènes génétiques et cytologiques (ayant trait à la structure, aux propriétés et à l'évolution des cellules) observables chez les êtres vivants, afin de mieux comprendre les processus vitaux au niveau moléculaire. Elle tente, par diverses

expériences, d'expliquer les phénomènes génétiques ainsi que le fonctionnement cellulaire, en s'intéressant, par exemple, aux organites cellulaires, aux protéines et acides nucléiques de bactéries, de virus ou de cellules animales et végétales. Elle organise, dirige et contrôle les programmes de recherche et rédige des rapports ou des articles scientifiques faisant état des résultats de ses recherches.
U *Biochimie / Biochimie et biotechnologie* (15214)

C

Chauffeur de four à hydrogène

p. 11

Personne qui fait fonctionner un four à hydrogène servant à évacuer l'humidité et à enlever les impuretés des pièces de céramique, de verre ou de métal destinées à la fabrication d'éléments électroniques. Elle surveille attentivement les indicateurs de température et de débit d'hydrogène afin que les pièces soient en parfaite condition à la sortie du four.
FP *Opération d'équipements de production* (5310)

Chercheur en optique

p. 20

Personne qui assure la direction scientifique d'un projet théorique ou expérimental visant à mieux comprendre les phénomènes physiques fondamentaux liés à la génération et à la propagation de la lumière ou des impulsions lumineuses. Elle contribue également à l'émergence de nouvelles connaissances et à la mise au point de méthodes et d'équipements novateurs dans le domaine de l'optique. Elle établit les protocoles de recherche, dirige la recherche elle-même, analyse les données, rédige les rapports et présente les résultats. Elle peut travailler dans divers domaines tels l'électronique, la communication, la production, la distribution d'énergie, l'aérodynamique, la télédétection, la médecine et la santé.
U *Génie physique* (15369)

Chimiste

p. 49, 54, 58, 63, 69, 103, 104, 105, 109, 122

Personne qui fait des recherches en laboratoire sur la composition et la structure chimique de certains éléments ou composés et sur leurs propriétés, en vue de mettre au point ou d'améliorer des procédés, des méthodes ou des produits (matériaux plastiques, fibres synthétiques, produits alimentaires, produits pharmaceutiques, etc.). Elle détermine quels sont les matériaux et procédés de fabrication et de transformation qui sont les plus indiqués pour obtenir les produits ayant les caractéristiques désirées (souplesse ou rigidité, perméabilité ou imperméabilité, etc.). Elle peut également être amenée à devoir faire une expertise chimique (par exemple, déterminer l'origine ou vérifier l'authenticité d'une œuvre d'art) ou à résoudre divers problèmes relatifs à l'énergie, à l'environnement, à l'alimentation ou à la santé.
U *Chimie / Chimie analytique / Chimie de l'environnement / Chimie des matériaux industriels / Chimie industrielle / Chimie pharmaceutique* (15245)

Climatologiste

p. 13, 66

Personne qui étudie les données provenant d'observations météorologiques faites sur de longues périodes dans une région précise ou sur l'ensemble du globe, en vue de faire des prévisions à long terme ou d'expliquer certains phénomènes (effets de la pollution de l'air sur le climat, répartition des pluies acides sur le globe, effets de la diminution de la couche d'ozone sur les températures, etc.). Elle effectue généralement ses recherches dans le cadre de programmes scientifiques universitaires ou gouvernementaux.
U *Météorologie* (15243)

Coiffeur

p. 102

Personne qui réalise des coiffures et qui donne des soins capillaires dans le but d'embellir la chevelure et ainsi satisfaire les désirs de sa clientèle. Pour ce faire, elle peut laver, couper, traiter, colorer, friser et coiffer les cheveux de ses clients selon leurs demandes, leur personnalité et les tendances de la mode. Elle accueille les clients avec courtoisie et les conseille adéquatement sur les types de coiffure et de produits qui conviennent à leur style et aux particularités de leurs cheveux. Elle prépare également les factures, suggère et vend des produits capillaires professionnels et perçoit les paiements.
FP *Coiffure* (5245)

Compositeur

p. 83

Personne qui compose des œuvres musicales pour des paroliers ou des thèmes musicaux pour des films, des émissions télévisées, des messages publicitaires, des jeux vidéo, etc. Elle crée des structures mélodiques, des harmonies et des rythmes en se basant sur son inspiration et ses connaissances musicales. Elle transcrit sa musique et conseille les musiciens quant à la manière d'interpréter la pièce. Elle peut toucher à divers genres de musique (jazz, rock, musique contemporaine, musique d'opéra, etc.) et composer pour une voix, un instrument ou encore un ensemble choral ou instrumental.
C *Techniques professionnelles de musique et chanson – Musique populaire, spécialisation Composition et arrangement* (551.AA)
U *Musique* (15905)

Concepteur de logiciels en imagerie et médias numériques

p. 85

Personne qui met au point des logiciels fiables, généraux et lisibles en utilisant la technologie propre à l'imagerie et aux médias numériques. Elle est alors en mesure de gérer et de mettre en œuvre des projets intégrant un ou plusieurs supports numériques d'information, des projets propres à l'infographie, au traitement d'images, à la vision par ordinateur, aux interfaces, à la réalité virtuelle et à la réalité augmentée.
U *Imagerie et médias numériques* (15340)

Concepteur de niveaux

p. 83

Personne qui, à partir du concept élaboré par un concepteur-idéateur de jeux vidéo, établit les objectifs de réussite en fonction du client ciblé. Le concepteur doit, entre autres tâches, élaborer les obstacles à affronter et leur niveau de difficulté, s'assurer de la cohérence des niveaux et du respect du scénario global, ainsi qu'intégrer, dans le décor du jeu, les personnages et les objets nécessaires à la réalisation de chaque niveau en respectant les contraintes techniques et les exigences du concepteur.
C *Techniques d'animation 3D et de synthèses d'images* (574.B0)
U *Communication (stratégies de productions culturelles et médiatiques)* (15410)

Concepteur-idéateur de jeux électroniques

p. 83

Personne qui élabore des concepts de base de jeux électroniques dans toutes leurs dimensions, techniques et artistiques. Elle conçoit l'idée générale d'un jeu et élabore des scénarios virtuels de science-fiction, d'aventures fantaisistes ou autres qui sauront capter l'intérêt des joueurs. Pour donner forme à ses idées, elle détermine les composantes du jeu (développement des mondes, description des lieux, design des personnages, règlements, etc.) et prévoit différents types d'enchaînements, d'événements, de textes, d'images et de sons. Elle prévoit également l'adaptation éventuelle des jeux en fonction de l'évolution constante des différentes plateformes et consoles de jeux.
C *Techniques d'animation 3D et de synthèse d'images* (574.B0)
U *Communication (médias interactifs)* (15410)

Concepteur-idéateur de produits multimédias

p. 87

Personne qui crée le concept de base et le synopsis préliminaire d'un produit multimédia (cédérom, site Internet, publication électronique, borne interactive, logiciel de simulation ou de formation, etc.) de type informatif, promotionnel, transactionnel, artistique ou autre. Elle détermine les principales caractéristiques et les paramètres généraux en tenant compte du support électronique choisi, du budget et des besoins de ses clients. Elle définit les types de contenus (images fixes et animées, séquences vidéo, textes, voix, musique, effets sonores, etc.) qui devront être intégrés et prépare une maquette du projet pour guider le travail de l'équipe de production.

C *Techniques d'intégration multimédia* (582.A1)

U *Communication graphique / Création en multimédia interactif / Design / Design graphique* (15971)

Conducteur de four à fusion

p. 9, 93

Personne qui, dans une industrie métallurgique, fait fonctionner un four pour faire fondre du métal avant de le couler. Elle veille donc au chargement et à l'alimentation du four, calcule la quantité nécessaire d'additifs, règle le voltage (température et pression) et prélève des échantillons. Elle surveille régulièrement les indicateurs pour s'assurer de la qualité du métal pendant la fusion et au cours du coulage. Elle respecte les devis techniques et suit les indications de manière à produire, en toute sécurité, des pièces moulées conformes aux standards de qualité.

FP *Fonderie (5203)*

Conducteur de lessiveur en continu

p. 36

Personne qui travaille dans une usine de pâtes et papiers et qui, à partir d'un tableau de commande, fait fonctionner une machine conçue pour transformer les copeaux de bois en pâte. Elle doit déterminer avec précision la teneur de la lessive et le temps de cuisson nécessaire pour obtenir une pâte de bonne qualité, surveiller les indicateurs et détecter rapidement toute défectuosité pour éviter de devoir interrompre le fonctionnement des machines.

FP *Pâtes et papiers – Opérations* (5262)

Conducteur de machine à finir le papier

p. 37*

Personne qui, dans une usine de pâtes et papiers, fait fonctionner une machine conçue pour sécher, glacer ou lustrer, puis mettre en rouleau le papier ou le carton. Elle règle la température de séchage, l'entrée d'air chaud et la vitesse d'enroulement du papier. Elle doit détecter et identifier les imperfections du papier et apporter les ajustements nécessaires afin de produire un papier conforme aux normes établies. Elle peut avoir à superviser et à encadrer d'autres travailleurs chargés des opérations de finition du papier.

FP *Pâtes et papiers – Opérations* (5262)

* Sous **Opérateur de machines en usine de pâtes et papiers**

Conducteur de machine à papier

p. 129

Personne qui, à partir d'un tableau de commande, fait fonctionner une machine à fabriquer du papier. Elle contrôle le débit et la vitesse d'écoulement de la pâte et examine attentivement le produit fini afin de s'assurer que le papier soit de bonne qualité et conforme aux normes de fabrication établies.

FP *Pâtes et papiers – Opérations* (5262)

Contremaître d'ébénistes et de menuisiers en meubles

p. 38

Personne qui coordonne et surveille les activités relatives à la fabrication et à la réparation de meubles en bois. Elle planifie et répartit les tâches, détermine les méthodes de fabrication ou de réparation et commande les fournitures et matières premières. Elle analyse les difficultés subies aux différentes étapes du travail et les résout de manière à assurer une bonne productivité et une qualité du travail qui corresponde aux normes établies. Elle doit également veiller à la formation des travailleurs ainsi qu'à l'application des règles de sécurité.

C *Techniques du meuble et de l'ébénisterie, spécialisation Production sérielle* (233.B0 ou BA)

Contremaître installateur en équipements pétroliers

p. 57

Personne qui coordonne, dirige et surveille les travaux de construction, de modification, d'entretien ou de démolition d'équipements pétroliers (réservoirs et tuyauterie) en établissant des méthodes de travail qui permettent de respecter un calendrier de production (autorisation des travaux, ordre des opérations, matériel, main-d'œuvre, outillage, etc.). Elle doit appliquer les prescriptions légales ainsi que les règlements sur les produits pétroliers et se conformer aux codes de sécurité afin de s'assurer qu'il n'y ait aucune fuite d'essence. Elle doit également vérifier si les établissements qui vendent de l'essence (stations-service, postes de marina, etc.) respectent les règles en vigueur.

S

Contrôleur de produits pharmaceutiques

p. 44

Personne qui dirige les travaux d'essai et de contrôle de la qualité au cours de la fabrication de produits pharmaceutiques. Elle participe à l'élaboration des méthodes d'essai et de contrôle de la qualité, vérifie les matières premières et les procédés utilisés dans la fabrication des produits et recommande la mise en production des articles dont les échantillons ont été approuvés. Elle s'assure que les produits soient conformes aux normes et aux règlements en vigueur dans l'industrie pharmaceutique, de manière à ce qu'ils soient à la fois sans danger pour le public et de bonne qualité.

C *Technologie de la production pharmaceutique* (235.C0)

U *Chimie pharmaceutique* (15245)

Couleur de fonderie

p. 9

Personne qui, dans une entreprise de métallurgie, coule le métal en fusion dans des moules en vue de produire des pièces moulées ou des lingots. Elle doit, entre autres, chauffer les poches de coulée, s'assurer de la propreté des moules, procéder à leur remplissage et nettoyer l'outillage et l'équipement. Lors des opérations de fonte du métal, elle suit fidèlement les normes établies et surveille attentivement les indicateurs de température afin d'éviter qu'une trop grande chaleur ne provoque une explosion.

FP *Fonderie* (5203)

D

Dégusteur expert

p. 118

Personne formée par un analyste sensoriel pour qualifier et quantifier les sensations diverses, telles que la couleur, la texture, le contact sous la dent ou dans la bouche, ou l'arrière-goût, éprouvées au contact d'un produit (vin, café, chocolat, boissons énergétiques, etc.). L'entraînement suivi permet à la personne d'utiliser ses cinq sens de façon méthodique et précise pour décrire et évaluer le produit concerné. Le résultat obtenu sur le produit soumis à l'expertise d'un dégustateur expert prend son sens dans la compilation et la synthèse des avis formulés par un jury de dégustation, aussi appelé « panel de dégustation ».

S

Dentiste

p. 93, 96, 97, 107

Personne qui, dans le cadre d'une pratique générale, tente de prévenir, diagnostique et traite les maladies, les déficiences et les anomalies de la dentition et de la cavité buccale. Après avoir dressé le bilan de l'état buccodentaire de ses patients, elle leur propose et applique un traitement qui peut inclure le nettoyage préventif, le curetage sous-gingival, l'obturation de caries dentaires et le remplacement des dents manquantes à l'aide de ponts, de prothèses (partielles ou complètes) ou d'implants. Elle offre également des soins destinés à améliorer la fonction et l'esthétique buccales. De plus, elle peut pratiquer certaines interventions chirurgicales mineures, dont l'extraction des dents. Au besoin, elle dirige ses patients vers des spécialistes de la médecine dentaire.

U *Médecine dentaire* (15110)

Dermatologue

p. 26, 55

Personne qui, à titre de médecin spécialiste, tente de prévenir, diagnostique et traite les maladies de la peau, du tissu cellulaire sous-cutané, des muqueuses et des annexes de la peau (poils, cheveux, ongles), de même que les manifestations cutanées de certaines maladies. Selon le cas, elle traite au moyen de médicaments, de procédés thérapeutiques spécialisés (radiothérapie, électrocoagulation, cryothérapie, abrasion chimique, etc.) ou de chirurgie. Elle peut également effectuer des traitements esthétiques.

U *Médecine* (15106)

Designer industriel

p. 6, 83

Personne qui crée des modèles de produits divers (accessoires ménagers, meubles, véhicules, abris, etc.), en tenant compte de critères esthétiques et fonctionnels et en vue de leur fabrication industrielle. Elle identifie les besoins et les objectifs à atteindre, procède à des études de marché, conçoit et fait les dessins des prototypes et détermine le choix des matériaux et des couleurs.

U *Design industriel* (15337)

Designer visuel en multimédia

p. 87

Personne qui travaille à la production de composantes visuelles d'un produit multimédia. À la main ou à l'aide d'un logiciel spécialisé, elle produit des maquettes et des esquisses de personnages, d'objets et d'univers, ainsi que des ébauches d'animation destinées au cinéma, au jeu électronique, à des logiciels ou à d'autres supports interactifs. Elle est aussi responsable de traiter les composantes visuelles ainsi créées à l'aide d'outils informatiques en tenant compte, entre autres, des spécifications de la scénarisation de même que du style visuel de l'ensemble du produit.

C *Techniques d'animation 3D et de synthèse d'images* (574.B0)
U *Design graphique* (15971)

Dessinateur de matériel électronique

p. 83

Personne qui réalise, à l'aide de logiciels de dessin assisté par ordinateur (DAO), des dessins et des schémas d'agencement destinés à la fabrication, au montage et à l'installation d'appareils électroniques ou électromécaniques (téléviseurs, amplificateurs, calculatrices, etc.). Pour ce faire, elle reproduit avec précision des dessins de circuits et de réseaux, veille à déceler les erreurs, consulte le concepteur au besoin et, selon ses indications, effectue les modifications nécessaires afin de s'assurer que ses dessins soient conformes aux exigences. Elle doit également dresser des listes et des spécifications de tout le matériel représenté sur les plans afin que ceux-ci soient faciles à consulter.

C *Technologie de l'électronique industrielle* (243.C0)

Dessinateur-modéliste de meubles

p. 35

Personne qui conçoit des modèles de meubles selon les tendances de la mode et l'évolution des techniques de fabrication. Elle consulte ses clients afin de déterminer leurs besoins, puis des ingénieurs et des spécialistes en production afin d'évaluer les possibilités de réalisation. Elle dessine ensuite les meubles en précisant tous les détails nécessaires à leur fabrication. Elle doit tenir compte des propriétés et des coûts des matériaux pour s'assurer que la production en série sera techniquement possible et financièrement rentable pour l'entreprise.

C *Techniques du meuble et d'ébénisterie, spécialisation Menuiserie architecturale* (233.B0 ou BB)

Diététiste

p. 114, 116, 117

Personne qui guide les individus ou les collectivités de tout âge dans leurs choix alimentaires selon les principes de la nutrition, en vue de promouvoir ou de rétablir la santé par une saine alimentation. Elle peut intervenir dans différents secteurs tels qu'en nutrition clinique, en gestion des services alimentaires ou encore en communication, en enseignement et en recherche. Selon son mandat, elle peut évaluer le comportement alimentaire de ses clients, considérer leurs maladies ou leurs restrictions (intolérances, allergies alimentaires, etc.), établir et appliquer un traitement nutritionnel personnalisé en fonction des objectifs à atteindre, mettre au point des services d'alimentation et informer clairement les clients au sujet des régimes prescrits. Elle rédige également des documents d'information et monte des programmes afin de sensibiliser les gens aux bienfaits d'une bonne alimentation. Elle peut procéder à la planification et à l'organisation de programmes de recherche ainsi qu'à l'évaluation de nouveaux produits, systèmes et programmes en vue de les améliorer ou de les promouvoir. Elle peut aussi élaborer des menus et superviser l'approvisionnement, la production et la distribution des aliments et repas.

U *Nutrition* (15115)

E

Ébéniste

p. 35, 38

Personne qui fabrique et répare des meubles et des accessoires en bois ou en panneaux dérivés du bois (tables, armoires, chaises, lits, etc.) à l'aide de divers outils ou machines (scies, toupies, varlopes, rabots, etc.). Elle se charge de toutes les étapes de la fabrication d'un meuble, de l'étude des plans jusqu'à la finition, ou de toutes les étapes de sa réparation. Elle doit respecter les spécifications et dessins fournis afin d'offrir des produits à la fois solides et esthétiques qui sauront satisfaire les exigences de la clientèle.

FP *Ébénisterie* (5030)

Ébéniste-artisan

p. 38

Personne qui conçoit, construit et restaure des objets meublants à caractère utilitaire ou décoratif. Ses tâches consistent à imaginer des meubles de styles variés, à dessiner des modèles et les fabriquer, à sculpter et ornementer des meubles ainsi qu'à créer des objets utilitaires ou décoratifs. Le meuble de goût et la finition luxueuse sont les deux principaux champs d'intervention en ébénisterie artisanale.

C *Techniques de métiers d'art, spécialisation Ébénisterie artisanale* (573.AC)

Écologiste

p. 11, 66, 70

Personne qui fait des recherches portant sur les milieux où vivent différentes espèces terrestres ou aquatiques dans le but de résoudre les problèmes relatifs à la survie, à la reproduction ou à l'équilibre des espèces dans un environnement donné. Elle fait l'inventaire des milieux (sur les plans physique, biologique et humain), organise et supervise les travaux sur le terrain, effectue des analyses en laboratoire, étudie l'impact de l'activité humaine sur les différents milieux et détermine les conditions d'une utilisation rationnelle des ressources naturelles. Elle peut également être amenée à concevoir l'aménagement d'habitats destinés à des espèces vivantes ou leur restauration, et à rédiger des rapports ou des articles scientifiques dans le but de diffuser diverses connaissances relatives aux écosystèmes et au monde vivant.

U *Biologie* (15200)

Électricien

p. 68

Personne qui installe, modifie et répare les installations électriques (fils, câbles, conduits, accessoires, etc.) servant au chauffage, à l'éclairage et à l'alimentation en énergie des divers appareils électriques à l'intérieur des bâtiments. Elle effectue les travaux selon les plans et devis puis vérifie les systèmes afin que les installations soient sécuritaires et conformes aux normes de l'industrie de la construction. En présence de systèmes électriques défectueux, elle doit détecter les défauts et procéder à la remise en état en réparant ou en remplaçant les pièces à la source du problème.

FP *Électricité* (5295)

Électricien d'entretien

p. 108

Personne qui installe, répare et entretient des circuits et des systèmes électriques ou électroniques dans les bâtiments commerciaux ou industriels (moteurs, systèmes de commutation et de commande, chauffage, éclairage, équipements spécialisés, etc.). Elle doit connaître la structure et les modes de fonctionnement des équipements afin de déceler rapidement les causes des défectuosités et de les régler dans les meilleurs délais possible. Elle tient également à jour un registre des observations faites et des travaux effectués.

FP *Électricité d'entretien* (5052)

Électromécanicien de systèmes automatisés

p. 115

Personne qui installe, modifie, entretient et répare les systèmes de production automatisés (machines exécutant certaines tâches ou faisant fonctionner d'autres machines sans intervention humaine) dans le but de les adapter aux besoins de l'entreprise et de les faire fonctionner de façon optimale et sécuritaire. Elle vérifie le fonctionnement des machines, procède à des essais, détermine les causes des pannes, fait les ajustements nécessaires et répare ou remplace les pièces défectueuses. En cas de panne, elle doit trouver rapidement la cause du problème afin que la production puisse reprendre dans les meilleurs délais.

FP *Électromécanique de systèmes automatisés* (5281)

Électronicien d'entretien de matériel informatique

p. 81

Personne qui installe et modifie du matériel informatique (ordinateurs, imprimantes, modems, etc.) et qui est responsable de l'entretien et du bon fonctionnement des appareils. Selon son mandat, elle met en place et connecte les systèmes informatiques et le matériel connexe en se référant aux schémas et indications du fabricant, elle vérifie le rendement des appareils, inspecte, nettoie, teste et ajuste le matériel ou procède à la réparation ou au remplacement des pièces défectueuses. Elle doit également tenir des registres des travaux d'entretien et de réparation effectués.

FP *Liaison en réseau d'équipement bureautique* (5280)

Endocrinologue

p. 50

Personne qui, à titre de médecin spécialiste, diagnostique et traite les maladies reliées aux déséquilibres hormonaux et aux troubles du métabolisme (diabète, hyperlipidémie, troubles de la glande thyroïde, hypoglycémie, ostéoporose, anomalies de la croissance et du développement pubertaire, etc.). À cette fin, elle examine ses patients, les soumet à divers tests, analyse les résultats et pose un diagnostic. Elle prescrit les traitements appropriés (médicaments, diète, chirurgie, activités déterminées, etc.) et assure le suivi de leur état jusqu'à leur rétablissement.

U *Médecine* (15106)

Entraîneur d'athlète

p. 7

Personne qui planifie, réalise et évalue des programmes d'entraînement en vue d'améliorer la performance des athlètes. À cette fin, elle détermine les qualités des athlètes, analyse leur cheminement et établit avec eux des objectifs. Elle enseigne aux athlètes débutants les éléments de base et leur prépare un programme qui développera leurs capacités athlétiques. Dans le cas d'un athlète d'élite, elle planifie sa carrière en veillant sur son développement physique, technique, tactique, psychologique, social et humain en vue de l'amener à son plus haut niveau de performance. Selon son mandat, elle peut également recruter et sélectionner des athlètes en vue d'un événement sportif.

U *Éducation physique* (15380)

Ergonome

p. 7, 39

Personne qui effectue des analyses et des recherches pour mettre au point des outils, des méthodes et des environnements de travail mieux adaptés aux besoins des êtres humains. À cette fin, elle étudie (observations, tests techniques, entrevues) les diverses facettes de l'activité des travailleurs (exigences physiques et mentales, gestes et déplacements, malaises ressentis en cours de travail, disposition spatiale des machines, des outils et du mobilier, etc.) en vue de pouvoir recommander des mesures visant à améliorer le confort et le rendement des travailleurs et à éliminer les causes de maladies professionnelles, de blessures ou de troubles physiques. Elle conçoit aussi des produits manufacturés destinés à un usage domestique ou professionnel (outils, véhicules, équipement informatique, mobilier, accessoires de sport, etc.) en veillant à adapter le design des objets aux besoins des utilisateurs.

U *Design de l'environnement* (15330)

Esthéticien

p. 27

Personne qui donne une gamme de soins faciaux et corporels dans un but esthétique visant à améliorer l'apparence, le tonus et l'éclat de la peau, à contrôler certains effets cutanés du vieillissement et à traiter divers problèmes corporels mineurs jugés indésirables (cellulite, couperose, poils superflus, etc.). À cette fin, elle est attentive aux désirs et aux inconforts de ses clients, détermine les soins qui sont les mieux appropriés et propose des produits ou des traitements adaptés. Elle effectue également des maquillages personnalisés et conseille les clientes sur les techniques et les produits de maquillage à utiliser pour mettre leur visage en valeur.

FP *Esthétique* (5035)

Extracteur d'huile végétale

p. 123

Personne qui, à l'aide de machines, extrait les huiles comestibles et les sous-produits du soja, du germe de maïs, etc. Elle vérifie la qualité des graines (teneur en eau...), détermine le degré de séchage nécessaire à l'extraction optimale de l'huile et procède à l'examen des résidus afin de vérifier la qualité du broyage. Elle doit surveiller toutes les étapes de la transformation et du traitement, régler les machines et vérifier les indicateurs de température, de manière à produire et à mettre sur le marché des produits conformes aux normes de qualité.

S

F

Ferrailleur
p. 94

Personne qui assemble des tiges ou des treillis métalliques à l'aide de fils de fer, d'attaches ou de procédés de soudage, et qui les place ou les fixe de manière à renforcer le béton dans la construction de coffrages, de colonnes, de poutres ou de dalles servant à édifier des bâtiments, des ponts ou des réservoirs. Elle doit déterminer le nombre, les dimensions, les formes et les emplacements des armatures et des treillis afin d'assurer la solidité des travaux.

FP *Pose d'armature de béton* (5076)

Foreur
p. 108

Personne qui perce la roche et le sous-sol à l'aide de foreuses à diamant ou d'autres foreuses spécialisées dans le but d'évaluer l'état des formations géologiques ou de construire des puits, des tunnels ou des passages souterrains. Elle doit, entre autres, préparer et réaliser les opérations de forage ainsi que monter, démonter et transporter le matériel et l'équipement de forage : tubage, couronnes de forage, treuils, chaînes, tracteurs ou véhicules tout terrain. Elle manipule l'équipement en conformité avec les règles de sécurité.

FP *Forage et dynamitage* (5092)

G

Galvaniseur
p. 15

Personne qui, dans le processus de métallisation ou de placage de pièces métalliques, conduit et entretient un bain de zinc destiné à la galvanisation. Ce travailleur intervient dans la série de tâches attribuées aux opérateurs en traitement de surface (voir **opérateur en traitement de surface**).

FP *Traitement de surface* (5222)

Gastroentérologue
p. 104

Personne qui, à titre de médecin spécialiste, diagnostique et traite les maladies du tube digestif (œsophage, estomac, foie, pancréas, intestins, etc.). À cette fin, elle interroge ses patients pour tenter d'identifier les symptômes d'une atteinte organique (hémorragie digestive, anémie ou perte de poids) et évalue leur état psychosocial lié à l'apparition des troubles. Elle procède à un examen clinique, soumet ses patients à des tests dont elle analyse les résultats, pose un diagnostic, prescrit un traitement approprié (médicaments, régime alimentaire, chirurgie) et assure un suivi auprès d'eux jusqu'à leur rétablissement.

U *Médecine* (15106)

Géochimiste
p. 108

Personne qui est spécialiste dans l'étude des éléments chimiques entrant dans la composition des roches, des minéraux et des hydrocarbures (pétrole, gaz naturel) et qui analyse des échantillons d'eau, de plantes, de sol, de sédiments ou de roches d'une région donnée pour y déceler toute trace de minéraux ou de combustibles pouvant mener à la découverte de nouveaux gisements. Elle analyse aussi la composition chimique d'échantillons de pétrole et de gaz naturel afin d'évaluer leur qualité et de déterminer s'il pourrait être rentable de commencer une exploitation. Enfin, selon son mandat, elle peut être amenée à relever les concentrations de substances minérales dans certains cours d'eau afin de vérifier si elles représentent un danger pour l'environnement.

U *Géologie* (15244)

Géologue
p. 60, 68, 108

Personne qui étudie la structure, la composition et l'évolution de l'écorce terrestre. Ses travaux lui permettent d'élargir l'étendue des connaissances géologiques et de les appliquer à des domaines tels que l'exploitation des minéraux, le génie minier, la prévision des catastrophes naturelles et la construction de routes, de tunnels, de sites d'enfouissement, etc. Elle peut également déterminer les risques de catastrophes naturelles (glissements de terrain, séismes, éruptions volcaniques, érosion, inondations, etc.) et proposer des mesures pour prévenir ces catastrophes ou en réduire les effets.

U *Géologie* (15244)

Géologue pétrolier
p. 57

Personne qui étudie la disposition des strates de l'écorce terrestre ainsi que la composition et la structure de la Terre en vue de déceler la présence de pétrole ou de gaz naturel. Elle rassemble les données disponibles sur la structure géologique d'une zone, dresse des cartes géologiques et analyse toutes les données techniques provenant de divers spécialistes, de manière à pouvoir faire les recommandations appropriées relativement à l'exploitation ou à la mise en valeur de gisements de pétrole ou de gaz naturel.

U *Géologie* (15244)

Géophysicien
p. 69, 108

Personne qui étudie les propriétés physiques du globe terrestre et des éléments qui l'affectent (champ magnétique, propagation des ondes, élasticité). Elle fait des recherches sur l'atmosphère, l'hydrosphère et la composition de l'intérieur de la Terre et, à partir de ses observations, formule des hypothèses sur l'origine des tremblements de terre, sur l'activité des glaciers et des volcans ainsi que sur tout autre phénomène relatif à l'écorce terrestre.

U *Génie géologique* (15361)

Géophysicien-prospecteur
p. 57

Personne qui étudie la structure des formations rocheuses souterraines et les propriétés physiques des couches proches de la surface terrestre dans le but de localiser différents types de gisements. Pour ce faire, elle effectue différentes mesures et les interprète de manière à pouvoir situer les gisements de pétrole, de gaz et de minéraux, les nappes d'eau souterraines ou les sites propices à l'enfouissement de déchets. Elle détermine aussi les endroits où les forages doivent être effectués et elle doit bien souvent diriger le travail des équipes de forage.

U *Génie géologique* (15361)

Gestionnaire de réseaux informatiques
p. 86

Personne qui, à titre de spécialiste de l'informatique, s'occupe de la conception, de la maintenance et de l'utilisation optimale du réseau informatique d'une organisation. Elle gère l'installation de micro-ordinateurs (station ou serveur) ainsi que du matériel périphérique (imprimantes, numériseurs, etc.) et configure les logiciels. Elle met en place des stratégies efficaces ayant pour objectif d'assurer la sauvegarde de données et la sécurité du réseau informatique. Elle offre aux usagers le soutien technique nécessaire et intervient pour résoudre tout problème électronique ou informatique du réseau.

U *Informatique / Informatique et recherche opérationnelle* (15340)

H

Hygiéniste dentaire
p. 97

Personne qui tente de prévenir les maladies dentaires et gingivales dans le but de favoriser l'acquisition et le maintien d'une bonne santé buccodentaire. À cette fin, elle renseigne les patients sur les soins d'hygiène buccale, exécute les nettoyages et les polissages destinés à éliminer les taches, la plaque et les dépôts de tartre à l'origine des caries et des maladies des gencives. Elle effectue un examen buccal sommaire, prend des radiographies dentaires et signale au dentiste tout signe de déficience ou de lésion bucco-dentaire. Elle peut procéder à des cures (détartrage, irrigation des poches parodontales, etc.), collaborer aux traitements orthodontiques (appareils de repositionnement des dents) ainsi qu'élaborer et mettre en place des programmes de prévention en santé dentaire publique.

C *Techniques d'hygiène dentaire* (111.A0)

I

Ichtyologiste
p. 73

Personne qui effectue des recherches scientifiques et des travaux de terrain (inventaire, surveillance et aménagement des habitats naturels, etc.) sur les poissons, incluant l'étude de leur mode de vie et de leur rôle dans les écosystèmes aquatiques. Elle observe les poissons afin de connaître les caractères propres aux espèces étudiées, d'en protéger la diversité, de contrôler le développement des populations et de découvrir quelles applications les découvertes sur les poissons peuvent avoir dans différents domaines (pisciculture, pêche, alimentation, médecine, etc.). Elle peut aussi diriger les activités d'aménagement et d'élevage d'un établissement piscicole, d'un aquarium public ou d'un institut de recherche, ou fournir des services-conseils dans le cadre de projets relatifs à l'exploitation ou à la protection des ressources piscicoles ainsi qu'à la diffusion des connaissances scientifiques sur les poissons.

U *Sciences biologiques et écologiques* (15200)

Illustrateur 2D et 3D
p. 83

Personne qui conceptualise et réalise les illustrations (dessins, colorisations, croquis) destinées à un jeu électronique en tenant compte des demandes du directeur artistique. Ses tâches consistent, entre autres, à faire des recherches visuelles, à produire des maquettes sur papier et des esquisses de personnages, d'objets ou d'environnements. Ce métier exige beaucoup de créativité, le souci du détail, un fort esprit d'équipe, de la souplesse et la capacité de travailler sous pression.

C *Graphisme* (570.A0)

Infirmier
p. 42, 117

Personne qui, la première, évalue l'état de santé des patients, détermine un plan de soins et en assure la réalisation afin de maintenir la santé ou la rétablir. À cette fin, elle administre les traitements et les médicaments, dont les intraveineux, selon l'ordonnance médicale, observe les réactions et intervient en fonction des problèmes décelés et des risques anticipés. Elle voit à ce que les plaies des patients guérissent et cicatrisent normalement, et remplace les pansements. Elle fournit des renseignements sur les moyens susceptibles d'améliorer la santé et de prévenir l'apparition de maladies. Elle prodigue également les soins aux malades en phase terminale dans le but de réduire leurs souffrances et de maintenir le meilleur degré de confort physique et moral possible.

C *Soins infirmiers* (180.A0)
U *Sciences infirmières* (15104)

Infirmier auxiliaire
p. 45

Personne qui contribue à l'évaluation continue de l'état de santé des patients et à la réalisation du plan de soins. Elle prend les signes vitaux, prépare et administre les médicaments non intraveineux, effectue des traitements et procure des soins d'hygiène et de confort. Elle surveille attentivement les réactions des patients et informe les membres de l'équipe de santé de tout changement de leur condition.

FP *Santé, assistance et soins infirmiers* (5287)

Infirmier en chirurgie
p. 23

Personne qui assure les soins infirmiers à donner avant, pendant et après une intervention chirurgicale et qui collabore au bon déroulement de l'intervention chirurgicale en assistant l'équipe de chirurgie en salle d'opération. À cette fin, elle prépare les appareils, les instruments et le matériel stérile, installe les patients, leur accorde les soins et le soutien psychologique dont ils ont besoin et assiste le chirurgien au cours de l'intervention. En salle de réveil, elle voit au confort des patients et à la stabilité de leur état de santé et réagit selon la situation.

C *Soins infirmiers* (180.A0)
U *Sciences infirmières* (15104)

Infirmier scolaire
p. 48, 50, 62

Personne qui donne des soins infirmiers et offre des services de santé en milieu scolaire en vue d'amener les élèves à adopter de saines habitudes de vie. Elle administre les premiers soins en cas d'urgence, propose des consultations individuelles et réfère les jeunes, au besoin, vers d'autres professionnels de la santé ou vers des ressources du milieu (CLSC, psychologue, diététiste, etc.) et en assure le suivi. Sur le plan de l'éducation et de la prévention, elle conçoit des programmes de santé adaptés aux besoins et à la réalité des jeunes et prépare des interventions éducatives de groupe au sujet de l'hygiène, des maladies et de leur prévention.

C *Soins infirmiers* (180.A0)
U *Sciences infirmières* (15104)

Infographe en préimpression
p. 18

Personne qui, à l'aide d'un ordinateur, fait la réalisation technique de documents graphiques destinés à être imprimés et qui les reproduit sur des supports d'impression. À cette fin, elle prend connaissance des indications fournies par le graphiste, saisit sur ordinateur les différents éléments du document (textes, dessins, photos, graphiques), les assemble et les dispose conformément à la maquette, effectue les retouches et sélectionne les couleurs, produit les épreuves de vérification et les fait approuver par le client avant de préparer les films, les plaques ou les autres supports nécessaires à l'impression du document. Elle doit faire preuve de minutie pour respecter en tout point les indications reçues et elle doit rester à l'affût des nouvelles technologies et méthodes de travail susceptibles d'élargir ses compétences.

FP *Procédés infographiques* (5221)

Ingénieur alimentaire
p. 122

Personne qui agit comme expert-conseil auprès des entreprises du domaine de la transformation des produits alimentaires. Elle participe également à la mise au point de nouveaux équipements et procédés en vue de les vendre aux entreprises. Dans ce cas, elle détermine les besoins de l'entreprise, lui propose de l'équipement et des procédés et dispense la formation nécessaire pour que le personnel puisse utiliser correctement le nouveau matériel. De plus, elle assure habituellement un suivi technique après-vente, conseillant le client et répondant à ses questions relativement aux équipements ou aux procédés.

U *Génie alimentaire* (15354)

Ingénieur chimiste p. 37, 61

Personne qui conçoit et met au point des procédés de fabrication destinés à l'industrie chimique, ainsi que les installations nécessaires pour les mettre en œuvre (raffinage du pétrole, fabrication du papier, etc.). Elle s'occupe, entre autres, de superviser la construction des installations et d'en vérifier le fonctionnement. Elle cherche également à améliorer les procédés utilisés pour la transformation des matières premières afin d'améliorer la qualité des produits finis. Elle s'assure enfin de l'efficacité et de la rentabilité des procédés tout en veillant à éliminer tout risque de pollution. Elle peut travailler dans différents secteurs tels que la pétrochimie, les pâtes et papiers, les produits pharmaceutiques, l'alimentation ou les matières plastiques.

U *Génie chimique* (15356)

Ingénieur chimiste en recherche p. 62

Personne qui fait des recherches et des expériences pour mettre au point ou pour les améliorer de nouveaux produits et procédés de fabrication. Elle vérifie aussi la qualité, l'efficacité et la rentabilité des produits et procédés existants. Elle peut travailler dans différents secteurs de l'industrie (pâtes et papiers, produits pharmaceutiques, produits alimentaires, etc.).

U *Génie chimique* (15356)

Ingénieur civil p. 94, 95

Personne qui travaille à la conception et à la direction de travaux de construction de structures et d'infrastructures (ponts, bâtiments, barrages, réseaux d'aqueducs et d'égouts, réseaux routiers). Elle évalue la faisabilité des projets et procède à des études d'impact en veillant au respect des ressources disponibles, à la sécurité des gens et à la sauvegarde de l'environnement. Elle analyse les données fournies, établit des plans détaillés et prépare les spécifications qui serviront lors des travaux. Elle se rend sur les lieux, supervise les travaux et résout les problèmes qui surgissent, s'assurant ainsi que les constructions seront conformes aux plans et devis.

U *Génie civil* (15358)

Ingénieur de la production automatisée p. 115

Personne qui met au point des systèmes d'instrumentation, de commande et d'automatisation des procédés de fabrication industrielle (robot, système de commande par ordinateur, etc.) de manière à répondre aux besoins et à favoriser le rendement des industries manufacturières. Elle fait des recherches pour déterminer les objectifs et les besoins d'automatisation de l'entreprise, conçoit des systèmes de robotique adaptés aux procédés et aux exigences de fabrication des produits, prépare l'estimation des coûts et les devis de conception, supervise l'installation et prévoit les mesures d'entretien nécessaires pour assurer son bon fonctionnement. Elle peut également travailler à la modification de systèmes existants en vue d'en améliorer les performances.

U *Génie de la production automatisée* (15363)

Ingénieur du bois p. 35

Personne qui travaille à la transformation des ressources forestières en produits utilisables, à l'amélioration des procédés de transformation du bois par les techniques modernes de contrôle et de gestion ainsi qu'à la mise au point de nouveaux produits. Elle cherche à augmenter le rendement et à améliorer la qualité du bois afin d'éviter le gaspillage et de contribuer ainsi à la conservation de la forêt.

U *Génie du bois* (15375)

Ingénieur du pétrole p. 57

Personne qui conçoit, prépare et coordonne les différents travaux entourant la prospection de champs pétrolifères ou de gaz naturel, le forage des puits, l'extraction du pétrole ou du gaz et son acheminement vers les pipelines. Elle travaille généralement pour le compte d'une compagnie pétrolière et utilise les données fournies par les géophysiciens et les ingénieurs géologues comme base de travail. Elle détermine l'emplacement des puits, les méthodes de forage et le matériel nécessaire et elle supervise les travaux techniques. Elle doit également veiller à la sécurité des installations pétrolières ou gazières.

U *Génie chimique* (15356)

Ingénieur électricien p. 25, 66, 68

Personne qui conçoit des plans d'installations électriques pour la production, la transmission, la distribution ou l'utilisation domestique et industrielle de l'électricité. Pour ce faire, elle met au point des logiciels spécifiques d'exploitation et d'application, estime les coûts et le temps nécessaire à l'installation des systèmes et prépare les devis de conception. Elle s'occupe également de superviser la fabrication, l'installation, l'entretien et la réparation des installations électriques, d'établir des normes d'entretien et d'exploitation des systèmes et des appareils électriques, de prévoir les documents contractuels et d'analyser les soumissions. Elle surveille et coordonne le travail d'une équipe de techniciens.

U *Génie électrique* (15359)

Ingénieur électronicien p. 81, 84

Personne qui conçoit et met à l'essai les installations et les éléments électroniques utilisés dans des secteurs d'activités comme les communications, l'informatique et les télécommunications. Son travail consiste, entre autres, à estimer les coûts et à évaluer les possibilités de conception, à vérifier la fabrication et l'entretien des produits ainsi qu'à surveiller le montage des prototypes, l'essai de même que l'installation des appareils électroniques. Elle s'occupe également de rédiger des guides d'utilisation et d'entretien des installations et des éléments électroniques. Elle veille à ce que les produits soient conformes aux normes de sécurité et de qualité ainsi qu'aux spécifications techniques.

U *Génie microélectronique* (15359)

Ingénieur en aérospatiale p. 98

Personne qui conçoit divers types de véhicules aéronautiques (avions, hélicoptères, etc.) ou aérospatiaux (fusées, satellites, etc.) ou leurs composantes et qui en dirige la fabrication, la modification ou l'entretien. Pour ce faire, elle analyse et règle, à l'aide de calculs, toutes les questions relatives à la structure des véhicules, au choix et à la mise au point des systèmes et équipements qui en assurent le fonctionnement. Elle prépare également les plans et devis nécessaires à la construction ou à l'installation des composantes des aéronefs, supervise les travaux et les essais de rendement et détermine les mesures d'entretien et de réparation. Elle veille à respecter les normes de construction établies et, lorsque des mesures correctives s'imposent, à faire les recommandations nécessaires afin d'assurer le rendement optimal et la sécurité des véhicules ou des engins.

U *Génie mécanique* (15360)

Ingénieur en informatique p. 78

Personne qui travaille à la conception, à l'adaptation et à la mise en place d'équipements et de logiciels dans le but de répondre aux besoins des entreprises et d'améliorer leur rendement. En pratique, après avoir analysé les besoins et les ressources de son client, elle recommande les appareils appropriés et supervise chaque étape de la fabrication et de l'installation des systèmes choisis. Elle étudie les exigences résultant de l'application des technologies informatiques, elle conçoit les langages informatiques puis met au point les systèmes et logiciels correspondants. Elle évalue également le fonctionnement des équipements afin de s'assurer qu'ils sont conformes aux spécifications.

U *Génie des technologies de l'information* (15340)

Ingénieur en métallurgie

p. 6, 91, 92

Personne qui travaille sur les propriétés des métaux (poids, dureté, degré de résistance à la chaleur, à la corrosion, etc.), en vue de mettre au point de nouveaux procédés de fabrication ou de nouveaux alliages, et qui les recommande pour différents usages. Elle conseille aussi les entreprises quant au choix de certains matériaux et à leurs modes de fabrication et elle conçoit des procédés permettant de contrôler la qualité des matériaux. En travaillant sur la structure interne des matériaux et des alliages, elle élabore et développe des produits de qualité supérieure sur le plan anticorrosif ainsi que sur les plans mécanique, thermique et physique.

U *Génie des matériaux et de la métallurgie / Génie métallurgique* (15364)

Ingénieur en optique

p. 18

Personne qui utilise les découvertes récentes de la science de l'optique pour résoudre certains problèmes subis dans l'industrie. Elle a recours aux technologies de conception optique assistée par ordinateur et de caractérisation optique nécessaires à la mise en œuvre de systèmes optiques complexes. Elle met au point de nouveaux appareils, procédés et dispositifs dans des domaines aussi variés que l'électronique, l'informatique, les télécommunications, l'aéronautique et l'aérospatiale, l'énergie, les matériaux de pointe, l'optique, le nucléaire et le génie biomédical. Elle cherche à concevoir de nouveaux appareils, instruments et systèmes optiques aux performances améliorées et dont le prix de revient est moins élevé.

U *Génie physique* (15369)

Ingénieur en sciences du bois

p. 33

Voir **Ingénieur du bois**

Ingénieur en sciences nucléaires

p. 71

Personne qui participe à la conception, à la construction et à l'exploitation de centrales nucléaires et de l'équipement servant au contrôle et à l'utilisation de l'énergie qu'elles produisent. Elle s'occupe, entre autres, de planifier et de surveiller la fabrication, l'implantation, l'entretien et la réparation des installations et de l'outillage et elle participe à la mise au point de techniques permettant d'utiliser l'énergie nucléaire dans l'industrie (aérospatiale, armements, etc.) et dans le cadre de la science médicale. Elle applique rigoureusement les règles de sécurité afin que la production d'énergie atomique se fasse de façon efficace et sécuritaire et que soit évité tout accident lié à l'exposition de personnes aux radiations.

U *Génie physique* (15369)

Ingénieur forestier

p. 32, 33

Personne qui, à titre de spécialiste des sciences forestières, planifie et dirige les travaux liés à la gestion, à l'aménagement, à la conservation et à l'exploitation des ressources du milieu forestier. Elle en dresse l'inventaire, établit des diagnostics sur l'état de la forêt et propose des solutions aux problèmes relatifs aux travaux sylvicoles, à la protection de la forêt contre les incendies, aux maladies, aux insectes dévastateurs, aux inondations et à l'érosion des sols, etc. Elle peut être appelée à négocier des contrats d'approvisionnement ou d'aménagement forestier et à agir à titre de conseillère auprès de propriétaires de forêts privées et des gouvernements fédéral et provinciaux.

U *Aménagement et environnement forestiers (Génie forestier)* (15375)

Ingénieur géologue

p. 108

Personne qui étudie les ressources énergétiques et minérales du sol et du sous-sol. Dans l'industrie minérale, elle cherche des gisements souterrains exploitables (minerais, métaux précieux, pétrole, gaz naturel, nappes d'eau), elle en évalue les teneurs et les réserves et intervient dans le choix des techniques d'exploitation. Dans l'industrie de la construction, elle étudie le sol et le sous-sol des lieux retenus pour de grands travaux (routes, tunnels, gros édifices), elle évalue le risque que des phénomènes destructeurs affectent les constructions (glissements de terrain, tremblements de terre, érosion, éboulis, inondations) et elle fait des recommandations relativement aux techniques et matériaux de construction à utiliser en fonction des risques identifiés.

U *Génie géologique* (15361)

Ingénieur mécanicien

p. 6, 25, 66

Personne qui conçoit et fabrique des machines et des instruments destinés à la production de biens et de produits divers (chauffage, climatisation, transport, production d'énergie, etc.). Elle élabore des moyens de produire, d'utiliser et de convertir l'énergie et les évalue en tenant compte à la fois des ressources humaines et des aspects techniques, économiques et environnementaux. Elle est également chargée de la mise au point des procédés d'installation, d'entretien et de réparation des machines, ainsi que de la supervision de la production.

U *Génie mécanique* (15360)

Ingénieur métallurgiste

p. 109

Personne qui, dans une industrie de traitement de minerai, planifie, organise, supervise et contrôle les opérations de traitement du minerai en vue de l'extraction de métaux ou de minéraux non métalliques (pierre, argile, silice, etc.). À cette fin, elle étudie les propriétés des métaux, met au point les techniques d'extraction et de transformation des métaux à partir des minerais, puis évalue la qualité des procédés de traitement et la rentabilité des méthodes. Elle cherche à obtenir la meilleure qualité de produit possible et à le produire en grande quantité. Elle s'intéresse également aux propriétés mécaniques et chimiques de matériaux comme les céramiques, le verre et les matières plastiques.

U *Génie des matériaux et de la métallurgie / Génie métallurgique* (15364)

Ingénieur minier

p. 108

Personne qui planifie, organise et supervise toutes les opérations relatives à l'exploitation d'une mine, de l'analyse des sols à l'extraction du minerai. Elle évalue les coûts d'exploitation, établit les plans et devis des travaux, choisit l'équipement et l'outillage, met en place les mesures nécessaires pour préserver la santé et garantir la sécurité des équipes de travail (éclairage, ventilation, drainage) ainsi que la protection de l'environnement. Son expérience en matière de forage et de dynamitage lui permet de participer à différents travaux de construction : routes, métros, tunnels ou barrages hydroélectriques.

U *Génie minier / Génie des mines / Génie des mines et de la minéralurgie* (15368)

Ingénieur physicien

p. 20

Personne qui fait des expériences en laboratoire en vue de la conception, de l'expérimentation et de la mise au point de méthodes ou d'instruments de haute technologie permettant de résoudre les problèmes ou de répondre aux besoins des industries dans des domaines comme l'aérospatiale, l'optique, le biomédical, la métallurgie ou l'électronique. Elle se consacre à l'étude des propriétés de la matière, des diverses formes d'énergie et des appareils spécialisés existants (lasers, satellites, etc.), se sert des mathématiques pour expliquer certains phénomènes et rédige des rapports périodiques sur les recherches en cours. Elle est amenée à travailler au sein d'équipe multidisciplinaire ou à diriger une équipe de chercheurs dans le but d'accroître les connaissances dans un domaine précis.

U *Génie physique* (15369)

Ingénieur-concepteur dans l'industrie alimentaire

p. 114

Personne qui travaille dans l'industrie alimentaire et qui conçoit des équipements et des procédés de fabrication en vue d'optimiser la production, d'en diminuer les coûts et de préserver ou d'augmenter la qualité des produits. Elle fait des recherches auprès des utilisateurs et des chercheurs, conçoit des projets, les prépare, en planifie la réalisation à l'aide de plans et de devis. De plus, elle agit comme personne-ressource lors de l'installation et de la mise en marche des machines et des équipements et elle veille à ce que ceux-ci soient fiables, de bonne qualité et respectueux de l'environnement ainsi que de la santé et de la sécurité des travailleurs.

U *Génie alimentaire* (15354)

Inspecteur d'installations électriques

p. 75

Personne qui examine régulièrement le matériel électrique ainsi que l'installation et le fonctionnement des équipements électriques neufs ou modifiés dans les bâtiments résidentiels, commerciaux ou autres, en vue de délivrer aux entrepreneurs le certificat de conformité aux normes exigé par la loi ou d'indiquer les modifications qui devront être apportées. Elle doit étudier les plans et dessins, surveiller l'installation et vérifier la sécurité des montages (isolation, qualité des matériaux, mise à la terre) afin de déceler toute défectuosité ou erreur qui pourrait entraîner un risque de surcharge ou d'incendie. Elle rédige finalement des rapports d'inspection et détermine les délais dans lesquels devront être apportées les éventuelles modifications.

C *Technologie de l'électronique industrielle* (243.C0)

Inspecteur des mesures antipollution

p. 111

Personne qui évalue les milieux naturels, industriels, agricoles ou résidentiels en vue de garantir un environnement de bonne qualité. Elle enquête sur les cas de contamination de l'air, de l'eau ou du sol, conçoit les stratégies d'intervention appropriées, vérifie l'efficacité des installations d'évacuation et de traitement des eaux usées ou des systèmes industriels d'épuration de l'air, prélève des échantillons, identifie les sources de contamination et évalue l'impact de certains contaminants sur l'environnement. Elle délivre des certificats d'autorisation, des attestations d'assainissement et des permis. Elle peut examiner les plaintes, témoigner à des audiences au tribunal, participer à des études d'impact et à des travaux d'aménagement du milieu ainsi qu'à des activités de restauration de sites contaminés. Enfin, elle participe à la gestion et au contrôle environnemental d'un établissement dans le cadre des lois et des règlements en vigueur au Québec.

C *Techniques du milieu naturel, spécialisation Protection de l'environnement* (147.AD)

Inspecteur des produits alimentaires

p. 119

Personne qui visite les établissements de transformation, de fabrication, de préparation ou d'entreposage des produits alimentaires en vue de vérifier que sont bien appliqués les lois et règlements régissant la salubrité et la qualité des produits alimentaires, des procédés et méthodes et des lieux de conservation selon le système HACCP. En pratique, elle prélève des échantillons, vérifie le classement des produits, l'étiquetage et les emballages. Comme elle doit inspecter différentes sortes d'usines alimentaires (viandes, produits laitiers, produits végétaux ou produits marins), elle doit être au fait de toutes les normes applicables à chacune d'entre elles.

C *Technologie de la transformation des aliments* (154.A0)

Inspecteur en bâtiments

p. 95

Personne qui surveille les travaux et inspecte minutieusement les bâtiments sur les chantiers de construction afin de s'assurer qu'ils respectent les plans et devis, les codes de construction (niveau, alignement et élévation du bâtiment, travaux finis comme les boiseries, etc.) ainsi que les normes de sécurité. S'il y a lieu, elle recommande ou exige certaines modifications pour que les constructions ne présentent aucune faiblesse et soient sans danger. Après l'inspection finale, elle autorise la mise en service des bâtiments et rédige un rapport contenant toutes ses observations.

C *Technologie de l'architecture* (221.A0)

K

Kinésiologue

p. 7

Personne qui fait la promotion d'habitudes de vie saine, qui tente de prévenir des problèmes de santé et qui veille à maintenir la bonne condition et la performance physiques des individus par la prescription d'activités physiques. Elle s'informe sur le mode de vie des individus et sur leurs besoins, leur pratique et leur intérêt en matière d'activités physiques, effectue divers tests visant à évaluer leur condition physique, élabore et gère des programmes d'activités physiques adaptés à leur condition. Son travail peut s'effectuer auprès de clientèles diverses telles que les athlètes, les personnes âgées, les cardiaques, les diabétiques ou des individus en réadaptation. Elle peut instaurer des programmes de santé, de sécurité et de mieux-être en milieu de travail et peut également faire de la recherche quant au développement et à l'expérimentation de nouveaux équipements d'entraînement ou à d'autres domaines liés à l'activité physique.

U *Kinésiologie / Intervention en activité physique / Kinésiologie et massokinésiothérapie* (15380)

L

Lessiveur de pâte écrue

p. 37

Personne qui, dans une usine de pâtes et papiers, fait fonctionner, à partir d'un tableau de commande, une machine conçue pour filtrer la pâte à papier et la débarrasser de la lessive (eau et produits de fabrication). Elle surveille chacune des étapes et coordonne les différentes manœuvres, règle le jet de la solution de lavage et de l'eau et maintient la solution au degré de concentration voulu afin de permettre la fabrication d'un papier conforme aux normes établies.

FP *Pâtes et papiers – Opérations* (5262)

Luthier

p. 30

Personne qui crée, fabrique, répare et restaure des instruments de musique en bois (violons, violoncelles, guitares, etc.), avec comme souci premier d'en assurer la qualité sonore. Son travail consiste à fabriquer des gabarits et à sélectionnesr le bois, à le tailler, le plier, l'entailler, le creuser ou le sculpter, à assembler les différentes parties de l'instrument, à le vernir et finalement à le polir. Elle peut être amenée à commercialiser ses produits et à gérer son entreprise.

C *Techniques de métiers d'art, spécialisation Lutherie* (573.AF)

M

Manœuvre à la fabrication du plastique

p. 63

Personne qui prépare tout le matériel requis pour la fabrication d'objets de matière plastique et qui alimente en plastique les machines à injection. Elle est responsable de l'entretien préventif des appareils d'alimentation afin de ne pas ralentir la production.

S

Mathématicien

p. 79

Personne qui étudie diverses branches des mathématiques (analyse, algèbre et géométrie, logique, etc.) et fait de la recherche dans cette discipline pour la faire évoluer par l'amélioration ou par la découverte de nouvelles applications des théories, des méthodes ainsi que des outils mathématiques existants. Elle applique les théories et les techniques mathématiques aux problèmes de quantification, de mesure, de prévision ou aux autres problèmes qui se posent dans des domaines comme le génie civil, l'électronique, la météorologie, l'informatique, la recherche, l'administration, etc., ou elle cherche à mieux comprendre certains phénomènes physiques. Elle étudie les moyens de représenter les données d'une situation à l'aide de symboles, de formules et d'algorithmes mathématiques en vue de résoudre les problèmes à l'étude, programme les ordinateurs à cette fin et prend soin de bien guider les utilisateurs. Elle peut également offrir ses services à titre d'experte-conseil.

U *Mathématiques / Mathématiques appliquées* (15230)

Mécanicien d'automobiles

p. 67

Personne qui répare et entretient les éléments mécaniques, électriques et électroniques (freins, climatiseurs, systèmes d'échappement, radiateurs, etc.) des véhicules automobiles (voitures, camionnettes, camions, etc.). Pour ce faire, elle examine chaque véhicule afin d'identifier la nature et de déterminer l'importance des problèmes et des réparations à faire. Elle informe le client de l'état de son véhicule et obtient son accord pour effectuer les réparations qui s'imposent. Elle démonte les pièces défectueuses, les répare ou les remplace, les remonte, effectue les réglages nécessaires pour permettre le fonctionnement optimal du véhicule et informe le client des travaux effectués. Elle s'occupe également de la propreté de son lieu de travail.

FP *Mécanique automobile* (5298)

Mécanicien de chantier

p. 108

Personne qui s'occupe de l'installation, de l'entretien et de la réparation des engins de chantier et des équipements mécaniques, hydrauliques et pneumatiques sur les chantiers de construction ou de travaux publics. Elle veille à respecter les consignes reçues afin de permettre le déroulement sécuritaire et efficace des travaux. Elle est également chargée de vérifier minutieusement la machinerie afin de pouvoir détecter et régler tout dysfonctionnement.

FP *Mécanique d'engins de chantier* (5055)

Mécanicien (mines)

p. 109

Personne qui installe, répare et entretient des machines et des équipements de traitement du minerai (broyeurs, concasseurs, foreuses, etc.) ainsi que le matériel de transport. Pour ce faire, elle tente d'identifier la source des pannes, démonte les machines, répare ou remplace les pièces défectueuses, fabrique éventuellement les pièces nécessaires et s'assure du bon fonctionnement des machines et équipements réparés. Elle entretient également les appareils manuels et électriques utilisés dans le cadre de son travail en mécanique d'entretien.

FP *Mécanique d'engins de chantier* (5055)

Mécanicien-monteur en aérospatiale

p. 98

Personne qui effectue le montage des éléments et systèmes mécaniques destinés aux aéronefs et les installe à bord de ceux-ci. Elle doit notamment interpréter les schémas d'assemblage, inspecter et préparer le matériel nécessaire à l'exécution des travaux, procéder à l'assemblage, à l'installation et à l'ajustement des pièces et des éléments préfabriqués destinés aux appareils (revêtements, commandes de pilotage, systèmes hydrauliques ou mécaniques). Elle doit veiller à la qualité du montage afin d'assurer le fonctionnement optimal et sécuritaire des aéronefs qu'elle a contribué à fabriquer. Elle s'occupe finalement de l'entretien du matériel et veille à garder son aire de travail propre.

FP *Montage mécanique en aérospatiale* (5307)

Médecin de famille

p. 46, 47

Voir **Omnipraticien**

Météorologiste

p. 74

Personne qui, à l'aide d'instruments de mesure, d'outils de communication électronique et de photographies transmises par satellite, étudie et analyse les multiples données concernant les phénomènes atmosphériques à différents endroits de la planète (température, direction et vitesse des vents, humidité de l'air, volume des précipitations, pression atmosphérique, etc.). Elle peut aussi être amenée à élaborer des modèles mathématiques à des fins de recherche ou d'expérimentation, à conseiller des entreprises dont les activités sont influencées par les conditions météorologiques et à préparer des bulletins météorologiques destinés au grand public ou adaptés à différents champs d'activité comme l'aviation, le transport, la construction, l'agriculture et l'environnement.

U *Météorologie* (15243/15299)

Microbiologiste

p. 96, 122

Personne qui fait des recherches en laboratoire sur la structure, la physiologie, le métabolisme des micro-organismes (virus, champignons, bactéries, etc.), ainsi que sur les aspects génétiques et écologiques qui les touchent, en vue de contrer la propagation de micro-organismes nuisibles et de tirer des applications concrètes du résultat de ses recherches (traitement des eaux usées, transformation des déchets, fermentation, fertilisation, médicaments, etc.). Elle observe la relation des micro-organismes avec l'environnement, leur action, leur reproduction, etc., et rédige des rapports et des articles scientifiques faisant part des résultats de ses recherches. Elle peut se spécialiser en virologie, en bactériologie, en mycologie, en parasitologie, en immunologie, en génétique, en toxicologie ou en physiologie et travailler dans divers secteurs comme la médecine, la santé publique, l'agriculture ou les industries chimiques et alimentaires. Elle supervise le travail du personnel technique et, enfin, participe à des congrès scientifiques.

U *Microbiologie / Immunologie* (15211)

Monteur de charpentes métalliques

p. 95

Personne qui, à l'aide de divers outils, matériaux et appareils de levage, monte, assemble, soude et boulonne des éléments en fer et en acier en vue de l'installation des charpentes métalliques nécessaires à la construction d'immeubles, de ponts, de viaducs, etc. Elle effectue également des inspections et des travaux de réparation sur des structures existantes. Elle doit respecter en tout temps les plans dans la mise en place, l'ajustement et le soudage des pièces à assembler, afin que les structures soient sécuritaires et conformes aux normes établies.

FP *Fabrication de structures métalliques et de métaux ouvrés* (5308)

Monteur de circuits intégrés

p. 79

Personne qui assemble et essaie du matériel, des pièces et des composantes électroniques comme des circuits intégrés, des microprocesseurs, des puces et des transistors. Elle nettoie, monte et soude le matériel à l'aide d'outils de précision et de machines automatiques ou semi-automatiques. Elle doit exécuter ses tâches avec minutie afin de produire du matériel conforme aux normes établies.
S

Monteur de lignes de distribution d'électricité

p. 71

Personne qui monte, installe et répare les lignes électriques et leurs accessoires dans les réseaux de distribution d'électricité. Elle s'occupe de préparer l'emplacement des poteaux, de consolider leur base, de les monter et de les installer, de poser les conducteurs suspendus et les condensateurs ainsi que les dispositifs de commutation, d'isolation et de protection. Elle s'occupe également de l'entretien des réseaux de distribution d'électricité.
FP *Montage de lignes électriques* (5185)

Monteur de lignes de production d'électricité

p. 71

Personne qui effectue le montage et l'entretien des réseaux aériens ou souterrains de lignes à haute tension servant à la production de l'électricité. Elle doit, entre autres, préparer l'emplacement des pylônes et consolider leur base, les monter et les installer, poser les conducteurs et les câbles primaires d'électricité (suspendus ou souterrains) et monter les condensateurs et les dispositifs de commutation, d'isolation et de protection des réseaux. Elle s'occupe également de l'entretien des réseaux de production et de transport d'électricité.
FP *Montage de lignes électriques* (5185)

Monteur de machines textiles

p. 58

Personne qui, dans une usine de fabrication textile, installe, règle, entretient et répare les machines qui servent à fabriquer le fil et à le traiter. Elle assure l'entretien préventif des machines et répare ou remplace toute pièce défectueuse dans les plus brefs délais afin de ne pas ralentir la production.
FP *Mécanique d'entretien préventif et prospectif industriel* (5012)

Monteur de matériel électronique

p. 83

Personne qui s'occupe du fonctionnement de l'équipement et des machines servant à fabriquer du matériel, des pièces et des composants électroniques tels que des transistors, des diodes, des puces et des circuits imprimés. Ses principales tâches consistent à régler les appareils, à conduire les machines automatiques ou semi-automatiques servant à fabriquer, souder, nettoyer, sceller et marquer les composants, à examiner les pièces et les composants afin de détecter les imperfections et à remplir des fiches de production.
S

Monteur de structures en aérospatial

p. 98

Personne qui pose et ajuste des revêtements métalliques et des pièces de fuselage sur les aéronefs. Elle étudie et interprète les plans, exécute le limage, le sciage et le perçage des pièces, procède au montage et à l'ajustement des différents éléments de structure des aéronefs (revêtements, commandes de pilotage, systèmes mécaniques et hydrauliques) et installe les systèmes de circulation d'air et divers autres appareils. Elle doit respecter les plans de montage afin que les pièces soient solides, sécuritaires et conformes aux normes de sécurité du ministère des Transports.
FP *Montage de structures en aérospatiale* (5197)

Mouliste

p. 63

Personne qui, dans une entreprise ou dans un atelier d'usinage de métaux, fabrique, répare, modifie et polit des moules faits d'acier ou d'un autre matériau usinable. Elle règle et fait fonctionner des machines-outils conventionnelles et des machines à commandes numériques (fraiseuse, rectifieuse, etc.) afin de produire des moules et des pièces de moules conformes aux exigences des entreprises qui les ont commandées et qui s'en serviront pour fabriquer des produits de plastique, de métal, etc.
FP *Fabrication de moules* (5249)

Musicien

p. 31, 83

Personne qui exerce des activités musicales très diversifiées comme la composition, l'exécution, l'enseignement ou la recherche. Elle compose ou exécute, seule ou au sein d'un ensemble musical et dans le but de divertir, des morceaux de musique de divers genres et de diverses époques. Les pièces sont produites en spectacle ou sur enregistrement.
U *Musique / Music* (15905)
Techniques professionnelles de musique et chanson – Musique populaire, spécialisation Interprétation (551.AB)

N

Nutritionniste

p. 116, 122

Voir **Diététiste**

O

Omnipraticien

p. 46, 47

Personne qui, à titre de médecin, voit des patients annuellement et procède à un bilan de leur état de santé. Elle peut également les recevoir en clinique sans rendez-vous lorsque ceux-ci ressentent des malaises ou des douleurs qui ne sont pas de l'ordre de la gravité du service des urgences de l'hôpital. Dans les deux cas, elle les interroge sur des symptômes possiblement ressentis, procède à l'examen physique, au besoin, fait passer des tests ou prendre des prélèvements qui seront analysés, puis elle pose un diagnostic, s'il y a lieu. Elle établit ensuite le plan de traitement et assure le suivi afin de voir à l'amélioration ou au maintien de leur condition. Au besoin, elle les dirige vers un médecin spécialiste ou vers d'autres ressources afin de leur procurer tous les soins que leur état requiert.
U *Médecine* (15106)

Opérateur d'équipements de placage

p. 15

Voir **Opérateur en traitement de surface**

Opérateur d'équipements de traitement de minerai

p. 109

Personne qui, dans une usine de traitement de minerai, fait fonctionner des broyeurs, des classificateurs, des conditionneurs et des dispositifs d'alimentation de réactifs afin de concasser et de broyer le minerai ou d'affiner les métaux selon des procédés de flottation ou de concentration. Elle assure également l'entretien des machines industrielles en vue de respecter les normes, de faciliter les étapes de transformation du minerai et de garder les équipements conformes aux règles de sécurité.
FP *Conduite de machines de traitement du minerai* (5274)

Opérateur d'installation de centrale hydroélectrique

p. 70

Personne qui, à partir d'un tableau de commandes ou de commandes manuelles, fait fonctionner des turbines, des chaudières, des génératrices et de l'équipement connexe dans le but de produire ou de transmettre de l'électricité. Elle s'occupe également d'inspecter le matériel servant à la production de l'énergie et elle surveille attentivement les indicateurs, afin d'assurer la régulation et la distribution de l'énergie électrique et d'éviter les surcharges.

S

Opérateur d'unités de production

p. 36

Personne qui fait fonctionner des équipements et des systèmes qui servent à fabriquer du papier (machine à papier, atelier de mise en pâte, désencrage, etc.). Elle veille au fonctionnement efficace et sécuritaire des machines et surveille les équipements afin de pouvoir détecter rapidement toute situation anormale qui pourrait nuire à la continuité, à la quantité ou à la qualité de la production.

C *Technologies des pâtes et papiers* (232.A0)

Opérateur de blanchisseuse à papier

p. 36

Personne qui fait fonctionner, à l'aide de commandes, les machines utilisées pour le blanchiment de la pâte à papier (tambours rotatifs, malaxeurs, tours d'absorption, etc.). Elle s'occupe, entre autres, de vérifier les machines et d'assurer leur bon fonctionnement, de régler le matériel de fabrication et de contrôler la qualité de la pâte. Elle peut devoir effectuer des essais chimiques sur des échantillons prélevés à divers stades de la production.

FP *Pâtes et papiers – Opérations* (5262)

Opérateur de débardeur/porteur

p. 33

Voir **Opérateur de machinerie d'abattage mécanisé**

Opérateur de machinerie d'abattage mécanisé

p. 32

Personne qui conduit et fait fonctionner les machines utilisées pour la récolte du bois dans un chantier forestier (abatteuses, débardeuses, ébrancheuses, tronçonneuses, débusqueuses, chargeuses, etc.) et qui en assure l'entretien. Elle utilise la machinerie en respectant les modalités d'intervention en milieu forestier, les normes de protection de l'environnement et les règles de sécurité établies. Elle contribue ainsi à la protection de l'environnement et à la prévention des accidents.

FP *Abattage et façonnage des bois* (5189)

Opérateur de machines à mouler les matières plastiques

p. 63

Personne qui, dans une usine, règle et fait fonctionner des machines servant à mouler des matières plastiques en vue de la fabrication de pièces et de produits en plastique (bols, ustensiles, jouets, etc.). Elle examine attentivement les premières pièces produites afin de s'assurer de leur conformité aux devis et aux normes de qualité établies, puis elle lance la production. Elle doit régler les commandes avec précision (température, pression) afin que les produits fabriqués soient résistants et durables.

FP *Conduite et réglage de machines à mouler* (5193)

Opérateur de machines à transformer le caoutchouc

p. 63

Personne qui fait fonctionner les machines et se sert des outils servant à la fabrication de pièces et de produits en caoutchouc. Ses tâches principales consistent à préparer des mélanges de caoutchouc, à transformer le caoutchouc par divers moyens tels que l'extrusion, le moulage et le calandrage, à régler les machines, à inspecter et à installer les moules, les filières et les rouleaux gaufreurs et à s'occuper de l'entretien mineur de l'équipement et des outils afin d'en optimiser le rendement.

S

Opérateur de machines en usine de pâtes et papiers

p. 37

Voir **Conducteur de machine à papier**

Opérateur de métiers à tisser

p. 58

Personne qui a la responsabilité de faire fonctionner une série de métiers à tisser et qui doit s'assurer que les tissus produits sont de bonne qualité. Elle démarre les machines en se conformant aux spécifications relatives au modèle de tissu à fabriquer, y insère les bobines de remplissage appropriées et enlève les peluches et duvets qui s'y sont accumulés lors des précédentes opérations de production. Elle doit également repérer les éventuels dysfonctionnements des machines et des équipements, tenter d'en découvrir les causes et les signaler aux techniciens ou au superviseur de poste.

S

Opérateur de salle de cuves

p. 9, 109

Personne qui, dans une usine de transformation du minerai, fait fonctionner les cuves dans lesquelles un métal dissocié sous forme ionique dans une solution chimique est solidifié avant d'être filtré et séché. Elle prélève des échantillons à toutes les étapes du raffinement et supervise le travail des ouvriers qui s'occupent de l'entretien des cuves.

FP *Conduite de machines de traitement du minerai* (5274)

Opérateur de séchoirs à bois

p. 33

Personne qui fait fonctionner les séchoirs à bois, les cuves de traitement et d'autres appareils utilisés pour sécher le bois d'œuvre et les autres produits du bois, de manière à éliminer, en partie ou en totalité, l'eau contenue dans le bois. Elle surveille attentivement les indicateurs et règle les commandes avec précision (séchage, degré d'humidité, etc.) afin d'obtenir du bois dont le degré d'humidité est conforme aux exigences.

FP *Classement des bois débités* (5208)

Opérateur de tour de déroulage

p. 34

Personne préposée à l'opération de déroulage de billots de bois. Cette opération, effectuée à l'aide d'une machine appelée dérouleuse, consiste à détacher d'un billot un copeau ou un ruban continu, qui sera ensuite utilisé comme bois de placage. Afin de produire un placage de qualité, l'opérateur doit installer le couteau au moyen d'outils de précision, ajuster les ouvertures verticales et horizontales de la machine, s'assurer du bon fonctionnement du système de centrage et de chargement de la dérouleuse, vérifier et maintenir, pendant toute la durée de l'opération, les ajustements appropriés en fonction des variations thermiques de la dérouleuse.

S

Opérateur en électricité

p. 75

Personne qui coordonne l'alimentation en électricité passant par les lignes de transport électrique. Sur les petites lignes, elle supervise les équipes de travail en montage de lignes et donne les directives en ce qui concerne l'interruption ou le rétablissement de l'électricité. Sur les grandes lignes, elle veille à l'exécution des directives du répartiteur (régulateur à la consommation). Elle doit veiller à ce que les informations qu'elle transmet soient exactes et

précises, afin d'assurer la sécurité des personnes qui travaillent au montage et à l'entretien des lignes.
C *Électricité* (5295)

Opérateur en traitement de surface

p. 14

Personne opérant des machines et de l'équipement qui déposent des substances métalliques (chrome, zinc, cadmium, étain, etc.) sur des pièces de métal ou d'autres articles afin de les enduire d'une couche décorative, protectrice ou restauratrice. Sa tâche consiste à préparer les surfaces (abrasion, nettoyage mécanique ou électrolytique, nettoyage à l'aide de savons ou de solvants, etc.), à préparer les pièces (assemblage, montage, masquage, etc.), à effectuer le polissage et à procéder au traitement approprié, par exemple, un traitement électrolytique, autocatalytique, de métallisation, de passivation, ou d'anodisation. Les opérateurs en traitement de surface travaillent dans les entreprises manufacturières qui ont un département de finition, ou dans des entreprises de services en finition ou de remise en état.
FP *Traitement de surface* (5222)

Ophtalmologiste

p. 23

Personne qui, à titre de médecin spécialiste, diagnostique et traite les maladies de même que les anomalies de l'œil et de ses annexes afin de préserver ou de restaurer la santé des yeux ou la vue de ses patients. À cette fin, elle procède à l'évaluation complète de la fonction visuelle ainsi que de l'état de santé de l'œil et soigne les problèmes identifiés en recommandant des exercices oculaires ou une correction appropriée, en prescrivant des médicaments ou en effectuant de délicates interventions chirurgicales au moyen de microscope, d'ultrasons sophistiqués ou de lasers.
U *Médecine* (15106)

Opticien d'ordonnances

p. 22

Personne qui vend, remplace et ajuste des lentilles ophtalmiques ou cornéennes (lunettes et lentilles de contact) aux gens dont la vue est déficiente, conformément à l'ordonnance de l'optométriste ou de l'ophtalmologiste. À cette fin, elle conseille le client dans le choix d'une monture en tenant compte de sa physionomie, de ses goûts et de sa prescription ou lui recommande les lentilles cornéennes qui s'adapteront le mieux à ses yeux. Elle lui explique comment mettre, retirer, replier, ranger et entretenir ses lentilles et assure le service après-vente. En laboratoire, elle monte les verres sur la monture, ajuste et répare les montures au besoin, remplace les lentilles ophtalmiques brisées et peut effectuer des tâches administratives liées à la gestion d'un commerce.
C *Techniques d'orthèses visuelles* (160.A0)

Optométriste

p. 22

Personne qui, à titre de spécialiste des soins oculovisuels, effectue les examens des yeux et de la vue afin de détecter toute déficience visuelle ou toute pathologie oculaire. Elle corrige les déficiences visuelles au moyen de lentilles de contact, de lunettes ou d'un programme de rééducation visuelle et renseigne ses patients sur l'hygiène des yeux et les mesures préventives contre les affections. Elle peut également retirer un corps étranger de la surface de l'œil et traiter certaines conditions pathologiques oculaires (conjonctivites, blépharites, etc.) à l'aide de médicaments. Au besoin, elle oriente ses patients vers d'autres spécialistes. De plus, elle offre ses services à des clientèles particulières (mal-voyants, jeunes enfants, personnes sourdes, etc.) qui doivent subir des examens plus spécialisés ou recevoir des techniques d'intervention adaptées.
U *Optométrie* (15111)

Ouvrier sylvicole

p. 33

Personne qui assiste les ingénieurs et les techniciens forestiers dans différentes activités relatives au reboisement, à la gestion, à l'amélioration et à la conservation de la forêt. Ses tâches principales consistent à planter de jeunes arbres en vue de reboiser les zones de reforestation, à signaler les infestations d'insectes ou la présence de maladies, à appliquer les traitements recommandés pour la protection des plantations contre les épidémies et à accomplir d'autres tâches sylvicoles comme la cueillette de cônes, l'émondage et le marquage des arbres. Elle s'occupe aussi de l'entretien des outils, de l'équipement et de la machinerie utilisés en pépinière ou en forêt.
FP *Travail sylvicole* (5289)

P

Paléontologue

p. 68, 106, 107

Personne qui fait de la recherche, sur le terrain et en laboratoire, sur les organismes fossiles végétaux (semences, pollens, organismes unicellulaires, grands végétaux terrestres) ou animaux (coraux, mollusques, poissons, mammifères, reptiles) présents dans les formations rocheuses, dans le but de recueillir de l'information sur les formes de vie et l'environnement de temps reculés ainsi que sur l'évolution des organismes vivants au cours de l'histoire terrestre. Elle se consacre, entre autres, à la découverte, à la reconstitution, à l'interprétation et à la mise en valeur de fossiles, aux fins de recherche et d'enseignement ainsi qu'au bénéfice des musées. Elle peut également participer à la recherche de gisements de pétrole. Elle doit faire preuve de rigueur, de minutie, de capacité d'analyse et de déduction, afin d'assurer la fiabilité de ses résultats.
U *Géologie* (15244)

Pharmacien

p. 44, 45, 121

Personne qui, à titre de spécialiste de la santé, prodigue des soins pharmaceutiques aux différentes clientèles d'une pharmacie de quartier. Pour ce faire, elle vérifie l'ordonnance médicale et s'assure que les patients ne présentent pas de problèmes réels ou potentiels liés à la consommation des médicaments prescrits. Elle prépare ensuite les médicaments et renseigne les clients sur leur utilisation, leurs contre-indications, leurs effets secondaires et les interactions médicamenteuses. Elle conçoit et met en œuvre un plan de soins pharmaceutiques afin de résoudre les problèmes liés à la prise combinée de différents médicaments. Dans certains cas, elle émet une opinion pharmaceutique au médecin afin de faire modifier ou interrompre un traitement. Elle conseille également les clients sur le choix et l'utilisation des médicaments en vente libre. De plus, elle contrôle la gestion des stocks de produits pharmaceutiques et s'occupe de la tenue des dossiers de la clientèle.
U *Pharmacie* (15112)

Pharmacologue

p. 43, 44, 46

Personne qui fait des expériences et des analyses afin de mieux connaître les effets qu'ont les produits pharmaceutiques et les drogues sur l'ensemble de l'organisme humain ou animal (cellules, fonctions organiques, réactions intermoléculaires, système immunitaire, etc.) et d'améliorer ainsi le diagnostic, la prévention et le traitement de maladies physiques ou psychiques. Elle travaille en collaboration avec des médecins pour évaluer l'efficacité et l'innocuité de certains médicaments dont elle établit la dose standard à recommander. Elle vérifie les éventuels effets cancérigènes, mutagènes ou tératogènes de certains médicaments ou de certaines substances chimiques et participe à la recherche de nouveautés dans le domaine (nouveau médicament, nouvelle technique de production, etc.).

Elle peut également s'intéresser à la prévention des maladies causées par des substances alimentaires, industrielles ou chimiques, ou étudier les problèmes causés par l'abus de drogues.
U *Pharmacologie* (15112)

Physicien

p. 11, 18, 20, 68, 90, 93

Personne qui dirige et fait des recherches portant sur des phénomènes physiques comme la chaleur, la lumière, le magnétisme, l'acoustique, etc. en vue d'accroître les connaissances du monde scientifique sur ces sujets et d'en tirer des applications sur les plans scientifique et commercial. Elle procède à des expérimentations, analyse leurs résultats, rédige des rapports et des articles, pose des hypothèses, des théories ou des principes physiques, ou améliore les connaissances existant à leur sujet. Elle peut s'intéresser, par exemple, aux corps en mouvement, aux corps au repos, aux particules constituantes de la matière, aux formes d'énergie ainsi qu'à leurs effets sur la matière. Elle est amenée à travailler dans différents milieux comme les universités, les laboratoires gouvernementaux, les industries, etc., en collaboration, dans certains cas, avec des spécialistes du génie.
U *Physique* (15240)

Pneumologue

p. 42, 43

Personne qui, à titre de médecin spécialiste, diagnostique et traite les maladies aiguës ou chroniques affectant le système respiratoire des enfants et des adultes (asthme, infections pulmonaires, bronchite chronique, emphysème, apnée du sommeil, cancer du poumon, etc.). À l'aide de différentes techniques d'examen (radiographies, tests sanguins et d'allergies, examens de la fonction pulmonaire), elle évalue l'état de santé de ses patients, établit le diagnostic et prescrit les médicaments et les traitements appropriés. Elle dirige ses patients en chirurgie lorsque leur état l'exige et assure le suivi auprès d'eux jusqu'à leur rétablissement.
U *Médecine* (15106)

Préparateur de fossiles

p. 107

Personne qui s'occupe de dégager un fossile emprisonné partiellement ou totalement dans une roche en prenant soin d'enlever tous les sédiments qui le recouvrent. Pour s'acquitter de cette tâche délicate, elle a recours à des méthodes mécaniques ou chimiques. Pour procéder à un dégagement mécanique, elle utilise différents instruments tels qu'un burin qui servira à dégrossir la roche, ou des curettes en acier inoxydable et des aiguilles de toutes sortes (aiguilles d'acuponcture, aiguillons de porc-épic, etc.) qui lui permettront de poursuivre le travail avec le doigté et la minutie nécessaires. Pour effectuer un dégagement de nature chimique, elle utilise des acides faibles qui dissoudront la roche et les sédiments qui recouvrent le fossile. Les préparateurs de fossiles peuvent être appelés à participer aux fouilles ou à les superviser, et à seconder les chercheurs dans leurs recherches.
C *Géologie appliquée (Technologie minérale)* (271.01)
U *Anthropologie* (15432)

Préposé à l'entretien de terrain de camping

p. 105

Personne qui assure l'entretien des sites, des équipements et des installations d'un terrain de camping. Elle ramasse les ordures, lave et replace les tables de pique-nique, vérifie et vide les aires d'emplacement de feu, entretient les aires de jeux extérieurs, les aménagements sportifs incluant les piscines, nettoie et désinfecte les installations sanitaires (douches, toilettes, lavabos) et effectue des réparations mineures au besoin. Elle peut également accueillir les clients, leur assigner un terrain, les renseigner sur les activités et les services offerts et voir à l'observation et à l'application des règlements du terrain.
S

Préposé à la stérilisation

p. 12

Personne qui est responsable de la stérilisation du matériel médical et chirurgical en vue de réduire au maximum les risques d'infection. Ses principales tâches consistent à rassembler les instruments souillés, à respecter les différentes zones allouées au processus de stérilisation (zone sale, zone propre, zone stérile), à nettoyer les instruments chirurgicaux, les prothèses, les bassines, etc., à déterminer la méthode de stérilisation appropriée aux différents instruments, à procéder à la stérilisation en respectant les règles établies (volume permis, température et pression dans l'autoclave, etc.), à distribuer le matériel stérilisé aux différents services ainsi qu'à effectuer périodiquement des tests de contrôle biologique et bactériologique afin de déceler tout problème de fonctionnement.
S

Programmeur

p. 83

Personne qui programme les différents éléments des jeux vidéo dans les langages informatiques adéquats (Java, C, C++, etc.). Elle doit intégrer les composantes du jeu (texture, animation, son) et raffiner leurs interactions, élaborer un code de programmation et assurer la cohérence de celui-ci avec le code existant et les règles de programmation déjà en place, collaborer avec les testeurs afin de débusquer les erreurs, ou bogues, et les corriger au besoin. Un niveau de patience élevé, la souplesse, l'esprit d'équipe, la motivation et une éthique de travail élevée sont quelques-unes des qualités personnelles requises pour exercer ce métier.
U *Informatique de gestion / Informatique et génie logiciel* (15340)

Programmeur de machines-outils à commande numérique

p. 24

Personne qui étudie minutieusement les dessins des pièces métalliques à fabriquer afin de concevoir, de corriger ou d'améliorer la programmation informatique des machines-outils ou des robots qui doivent servir à l'usinage de ces pièces. Elle prévoit la séquence des opérations et mouvements des machines-outils, l'analyse en détail et codifie avec précision le déroulement de l'usinage en vue de produire des pièces identiques au dessin initial.
C *Techniques de génie mécanique, spécialisation Fabrication* (241.AB ou A2)

Psychiatre

p. 116

Personne qui, à titre de médecin spécialiste, tente de prévenir, diagnostique et traite les maladies mentales, les troubles psychiques et les désordres émotionnels d'origine physique, psychologique ou sociale qui affectent le fonctionnement de l'individu (névrose, psychose, phobie, schizophrénie, dépression, angoisse, maladies psychosomatiques, etc.). Avec la participation active des patients, et parfois de leur famille et de leurs proches, elle révise leur histoire personnelle, évalue leur état de santé physique et mentale par divers examens, pose un diagnostic et adapte le traitement qui, selon le cas, peut consister en une psychothérapie, une prise de médication ou encore un séjour en milieu hospitalier, en centre de jour, en foyer thérapeutique ou en foyer de transition. Elle est appelée à travailler en étroite collaboration avec d'autres spécialistes.
U *Médecine* (15106)

Psychologue

p. 117

Personne qui, à titre de spécialiste des mécanismes mentaux, du développement et du comportement humain, aide des gens à résoudre des difficultés personnelles et des problèmes d'adaptation. À l'aide de techniques d'entrevue et de tests psychométriques, elle évalue leurs capacités intellectuelles, leurs aptitudes et différents aspects de leur personnalité et diagnostique les troubles comportementaux, émotifs et cognitifs. Elle propose ensuite une psychothérapie au cours de laquelle elle amène ces personnes à voir plus clair et à modifier leurs façons de penser et leurs comportements afin de diminuer l'inconfort et les difficultés d'adaptation. Elle réévalue périodiquement les objectifs à atteindre et les réajuste avec elles au besoin.

U *Psychologie / Neuroscience* (15420)

R

Réparateur d'appareils photographiques

p. 84

Personne qui répare et ajuste les appareils photographiques et leurs accessoires à l'aide d'outils spéciaux et d'instruments appropriés. Face à un appareil défectueux, elle commence par le démonter afin de trouver la cause du problème, puis elle remplace les pièces défectueuses et ajuste les différentes composantes (obturateur, diaphragme, etc.). Elle procède finalement à des essais pour vérifier le fonctionnement de l'appareil et lui redonner sa précision initiale.

FP *Réparation de magnétoscopes et de caméscopes* (5083)

Réparateur à la production d'appareils électroniques

p. 18

Personne qui répare les appareils électroniques rejetés par les chaînes de montage (radios, téléphones, téléviseurs...) en vue de les remettre en bon état, c'est-à-dire de les rendre conformes aux spécifications du fabricant. Elle doit interpréter correctement les schémas de montage et déceler toute défectuosité afin de pouvoir régler les problèmes le plus rapidement possible.

S

S

Scénariste en multimédia

p. 83

Personne qui élabore le scénario ou le synopsis d'un projet multimédia en y incluant le découpage des aspects artistiques et techniques, la trame de chaque page-écran, les données à intégrer dans chacune (image, texte, éléments calligraphiques, voix, effet sonore, musique, etc.) ainsi que les enchaînements (hypertextes, hypermédias) qui devront être réalisés en vue de la navigation interactive de l'utilisateur avec le produit. Pour ce faire, elle prépare les devis artistiques et techniques et travaille régulièrement en collaboration avec le concepteur du produit multimédia lors de la réalisation des différentes interfaces du projet.

U *Communication graphique / Création en multimédia interactif / Design / Design graphique* (15971)

Scientifique en produits alimentaires

p. 122, 123

Personne, spécialisée dans le secteur agroalimentaire, qui dirige ou effectue des recherches afin de mettre au point ou d'améliorer des produits alimentaires ou des procédés de production, de transformation, de conservation et d'entreposage des aliments. Ses activités de recherche visent également à améliorer les méthodes de contrôle de la qualité, de mise en marché ou de distribution des aliments. De même, elle peut travailler à la mise au point d'aliments tirés de nouvelles sources, au développement de nouveaux produits, à la recherche de nouvelles façons d'utiliser les produits existants (p. ex. : obtention de sucres et d'alcools à partir de céréales) ou de récupérer les résidus alimentaires, ou encore à la formulation d'aliments destinés à des clientèles particulières (nourrissons, personnes diabétiques, végétariens, etc.). La nature de ses recherches l'oblige à être polyvalente sur le plan scientifique (chimie, microbiologie, physique, mathématique, économie, etc.), à avoir un esprit innovateur et à faire largement appel aux technologies de pointe, notamment aux biotechnologies.

U *Sciences et technologie des aliments* (15313)

Soudeur

p. 25

Personne qui découpe, assemble, répare ou réforme des pièces de métal selon différents procédés de découpage et de soudage au chalumeau, à l'arc électrique ou au gaz. Elle peut avoir à travailler sous l'eau et sur des installations contenant de la vapeur ou un gaz sous pression. Elle veille à toujours appliquer la bonne technique afin d'obtenir un produit qui soit solidement soudé et qui réponde aux besoins du client.

FP *Soudage-montage* (5195)

Soudeur-monteur

p. 25

Personne qui assemble et soude, en usine ou sur un chantier de construction, les composantes de structures métalliques préfabriquées comme des réservoirs, des charpentes de machines, des cloisons de bâtiments, etc. Pour ce faire, elle prend connaissance des plans d'assemblage et des instructions, prépare le matériel et procède au montage et au soudage des pièces à l'aide d'instruments de soudure à l'arc électrique ou au gaz. Elle peut également avoir à ajuster la forme et les dimensions de certains éléments métalliques à l'aide d'un matériel de découpage à l'arc ou au chalumeau.

FP *Fabrication de structures métalliques et de métaux ouvrés* (5308)

Spécialiste en science de la consommation

p. 122

Personne qui identifie les besoins et les attentes des consommateurs. Elle étudie attentivement la relation entre une entreprise et ses clients ainsi que la qualité des services offerts aux consommateurs (elle en précise la nature, les enjeux et les retombées à l'aide d'outils méthodologiques permettant l'étude du comportement des consommateurs). Elle travaille à l'élaboration d'outils d'information et de formation et elle peut avoir à gérer les plaintes et les insatisfactions des clients.

U *Sciences de la consommation* (15474)

Superviseur de laboratoire textile

p. 59

Personne qui, dans un laboratoire, fait des analyses et des tests chimiques et physiques sur des tissus et des produits textiles, à toutes les étapes de la fabrication, en vue de vérifier la composition des tissus et de déterminer leurs caractéristiques (résistance, degré d'humidité, type de fibres, degré d'absorption, solidité des couleurs, etc.). Elle vérifie si les échantillons sont résistants, lavables, détachables, etc., de manière à s'assurer que le produit fini réponde aux besoins de la clientèle.

FP *Production textile (opérations)* (5243)

T

Technicien de laboratoire de lentilles

p. 22

Personne qui, dans un laboratoire d'optique, fabrique des lentilles ophtalmiques selon les caractéristiques précisées dans la commande (diamètre, décentrement requis, courbure, épaisseur, teinte, puissance, etc.). Elle taille, polit et conditionne (traitements anti-reflets et contre les égratignures, etc.) des lentilles correctrices de la vue et les enchâsse dans les montures choisies par les clients. Elle participe également à l'entretien et à la réparation de l'équipement du laboratoire d'optique.

C *Techniques d'orthèses visuelles* (160.A0)

Technicien de laboratoire médical p. 43

Voir **Technologiste médical**

Technicien en cardiologie p. 73

Voir **Technologue en électrophysiologie médicale**

Technicien en contrôle de la qualité p. 37

Personne qui, dans le laboratoire d'une usine de pâtes et papiers, effectue diverses analyses chimiques et physiques en vue de vérifier la qualité des produits aux différentes étapes de la production. Elle prélève des échantillons (des matières premières, des pâtes et papiers en cours de fabrication et des produits finis) et les analyse en même temps que les produits chimiques servant à la production. Elle détermine les caractéristiques des échantillons analysés et s'assure de leur conformité aux normes de fabrication établies. Elle doit rédiger des rapports précis afin que l'entreprise puisse maintenir et même améliorer la qualité de ses produits et satisfaire les exigences de sa clientèle.

C *Technologie des pâtes et papiers* (232.A0)

Technicien en design industriel p. 35

Personne qui collabore à la création et au développement de produits, en vue de leur production industrielle (accessoires ménagers, meubles, véhicules, abris, etc.). Elle contribue plus particulièrement à la conception des prototypes et à la mise au point des produits. Elle accomplit diverses tâches techniques telles que la réalisation des dessins de présentation, la préparation des maquettes, des modèles, des prototypes et des montages, ainsi que l'élaboration des dessins techniques et des devis de conception.

C *Techniques de design industriel* (570.C0)

Technicien en diététique p. 119

Personne qui effectue diverses tâches en vue d'améliorer la qualité de l'alimentation des gens et de favoriser leur santé. Elle peut se spécialiser dans différents champs d'intervention tels que la gestion de services alimentaires, l'industrie agroalimentaire, les services à la clientèle, l'inspection, la consommation et la communication. Selon son mandat, elle peut coordonner la production et la distribution des aliments en appliquant les normes d'hygiène et de salubrité ainsi que celles de santé et de sécurité au travail, s'assurer du suivi et du respect des diètes recommandées, participer au contrôle des propriétés chimiques, physiques, biochimiques et microbiologiques des aliments, informer et éduquer la population en matière d'alimentation. Elle peut également participer à tester, développer, mettre en marché ou promouvoir certains produits alimentaires et collaborer avec un diététiste à la planification de menus, de régimes et de diètes. Son travail consiste parfois à préparer des présentations pour des messages publicitaires ou des recettes.

C *Techniques de diététique* (120.01/120.A0)

Technicien en écologie appliquée p. 32, 111

Personne qui accomplit diverses tâches techniques sur le terrain et en laboratoire dans le cadre de travaux de recherche portant sur les espèces animales et végétales et dans le but d'améliorer l'aménagement des milieux naturels. Elle fait l'inventaire des populations animales et végétales d'un milieu donné, recueille des spécimens de sols et de plantes, fait des tests et des cultures biologiques en laboratoire, participe à leur analyse et en consigne les résultats. Elle peut aussi participer à des aménagements relatifs à la faune, à la flore, aux cours d'eau et aux sentiers écologiques et renseigner le public sur le fonctionnement des écosystèmes et sur la biologie propre à chaque espèce.

C *Techniques d'écologie appliquée* (145.01)

Technicien en équilibrage de l'air intérieur p. 111

Personne qui veille à la qualité de l'air qui circule dans les bâtiments en construction, dans les édifices à bureaux et dans les établissements commerciaux. Elle s'assure qu'il y ait, chaque heure, un nombre adéquat de changements des volumes d'air afin de permettre une bonne qualité de l'air et une température ambiante confortable. Elle consulte les plans du bâtiment et le devis fournis par les ingénieurs pour savoir comment est installé le système de ventilation. Elle mesure, à l'aide d'un anémomètre à fil chaud, la quantité d'air qui s'échappe par minute du ventilateur principal, le débit des diffuseurs d'air présents dans chaque pièce, puis elle compile les résultats afin d'évaluer la performance du ventilateur. Si le nombre de changements des volumes d'air par heure n'est pas suffisant, elle effectue l'équilibrage, le plus souvent à l'aide de systèmes informatiques (automates) qu'elle programme manuellement. Elle doit aussi s'assurer que les poulies, les courroies et autres composants des ventilateurs fonctionnent correctement afin de prévenir les bris prématurés.

C *Technologie de la mécanique du bâtiment* (221.C0)

Technicien en exploitation minière p. 108

Personne qui accomplit des tâches techniques en rapport avec l'extraction de minerai. Sous la supervision d'ingénieurs ou de géologues, elle participe aux travaux d'arpentage, planifie et surveille les opérations de dynamitage et de forage, aménage et contrôle les systèmes de ventilation, manipule des appareils et des instruments (théodolite, anémomètre, sonomètre, logiciels) et veille à l'application des règles d'hygiène et de sécurité au travail. Sa formation la rend également apte à superviser des équipes de travail.

C *Exploitation (Technologie minérale)* (271.02)

Technicien en génie aérospatial p. 99

Voir **Technologue en aéronautique**

Technicien en génie mécanique p. 7, 115

Personne qui accomplit des tâches techniques en rapport avec l'installation et le fonctionnement de machines et de mécanismes divers. Elle contribue à l'élaboration des plans et devis, organise, coordonne et surveille le montage des machines, des systèmes de contrôle, de détection ou de télémesure, teste l'équipement en fonction des normes de production, de qualité et de sécurité industrielle. Elle participe à la conception des moules, des outils, des matrices, des gabarits et des autres accessoires utilisés dans le processus de fabrication.

C *Techniques de génie mécanique, spécialisation Conception* (241.AA ou A1)

Technicien en météorologie p. 110

Personne qui, en collaboration avec un météorologiste, effectue la collecte des données nécessaires pour préparer les bulletins météorologiques destinés au grand public ou à divers utilisateurs relevant notamment de l'industrie du transport, de l'agriculture ou des médias. Elle est souvent chargée de communiquer ces informations par radio, par téléphone ou par messagerie électronique. Elle peut également avoir à s'occuper de la mise à jour des banques de données météorologiques et à veiller à l'entretien des instruments permettant de collecter les données.

Formation privée

Technicien en minéralurgie p. 109

Voir **Technologue en minéralurgie**

Technicien en muséologie p.106

Personne qui travaille au montage et au démontage des expositions dans un musée, une galerie d'art ou un centre culturel. Elle prépare les plans et devis ainsi que les maquettes, fait l'estimation des coûts, prépare l'échéancier des travaux, prévoit le matériel nécessaire au montage, installe le mobilier, les œuvres ainsi que l'équipement audiovisuel s'il y a lieu, vérifie les installations pendant la durée de l'exposition et s'occupe du démontage et de la manutention des œuvres à la fin de l'exposition. Elle peut également participer à la recherche d'information sur les collections exposées, réaliser des éléments graphiques pour les expositions et produire des documents visuels destinés à la publicité ou aux archives. Elle doit veiller à la solidité des installations et à la sécurité des oeuvres dès leur arrivée, afin de s'assurer qu'elles ne seront pas endommagées.

C *Techniques de muséologie* (570.B0)

Technicien en neurologie p.73

Voir **Technologue en électrophysiologie médicale**

Technicien en nutrition clinique p.117

Personne qui collabore avec des diététistes à l'application et au suivi des régimes et diètes alimentaires prescrits aux usagers dans un hôpital, un centre d'accueil ou tout autre établissement hospitalier. À cette fin, elle aide à la planification des menus et des régimes thérapeutiques, elle explique aux usagers la nature et les objectifs de la diète qui leur a été recommandée et dirige la préparation et la distribution des repas afin de s'assurer de leur conformité vis-à-vis des exigences nutritionnelles établies (qualité des aliments, hygiène, salubrité). Elle enseigne parfois la nutrition à titre préventif. Elle peut expérimenter des recettes et en comparer les coûts de revient en vue de proposer des menus variés et économiques pour différents types de régimes alimentaires. Elle effectue également d'autres tâches diverses afin d'assister les diététistes dans leurs travaux.

C *Techniques en diététique* (120.01/120.A0)

Technicien en pâtes et papiers p.36

Personne qui, dans un laboratoire ou dans une usine, met à l'épreuve les nouveaux produits et procédés (ou les produits et procédés modifiés) en vue de régler des problèmes spécifiques, d'augmenter la productivité ou de diminuer les coûts de production.

C *Technologie des pâtes et papiers* (232.A0)

Technicien en prégravure et en gravure p.19

Personne qui transpose des données sur un disque maître en vue de la production en série de CD et de DVD. Elle s'occupe, entre autres tâches, de la mise en forme des données afin que le contenu et la structure d'enregistrement du contenu respectent les spécifications CD ou DVD. Son travail s'effectue en salle blanche de classe 100 (100 particules de contaminant par pied cube d'air), maintenue sous pression positive. Elle doit porter des vêtements spéciaux (combinaison, bottes, casque et visière) afin de réduire le risque de contamination des produits.

C *Technologie de conception électronique* (243.16)

Technicien en procédés chimiques p.18, 57, 60, 63

Personne qui coordonne les opérations relatives à la transformation des matières premières en produits industriels. Elle doit s'assurer, tout en veillant au respect des normes de sécurité et de fabrication, que l'entreprise atteigne et maintienne sa capacité de production maximale. Elle peut travailler dans l'industrie chimique, dans l'industrie des produits raffinés du pétrole et dans l'industrie du plastique.

C *Techniques de procédés chimiques* (210.B0)

Technicien en recherche et développement p.36

Personne qui effectue divers tests et essais en laboratoire en vue d'étudier et d'analyser les procédés de fabrication des pâtes et papiers, de mettre au point ou d'améliorer des produits, des équipements ou même des procédés de fabrication. Elle doit bien connaître les besoins de la clientèle afin de pouvoir créer des produits qui répondent à ses attentes.

C *Technologie des pâtes et papiers* (232.A0)

Technicien en recherche et développement textile p.58

Personne qui aide un ingénieur en recherche à trouver de nouvelles matières premières (ou à améliorer les matières premières connues) et à perfectionner les diverses méthodes de fabrication de produits textiles. Elle participe à l'étude et à l'examen de produits concurrents, cherche des améliorations et collabore aux analyses des matières premières afin de s'assurer qu'elles sont conformes aux normes et règlements. Elle constitue et développe une base de données où sont conservés les résultats des divers essais.

S

Technicien en santé animale p.73

Personne qui effectue différentes opérations techniques en vue d'assister un médecin vétérinaire ou un chercheur dans un hôpital ou une clinique vétérinaire, un laboratoire de recherche et de pathologie animale, une animalerie, un jardin zoologique, une ferme d'élevage ou de reproduction, un laboratoire d'enseignement collégial et universitaire, une compagnie privée (pharmaceutique). Ses tâches varient selon son milieu de travail. En laboratoire elle s'occupe, entre autres, de l'accueil et de l'alimentation des animaux de laboratoire, gère les salles d'hébergement et veille à leur entretien, fait l'élevage des animaux de laboratoire, assiste le chercheur lors d'investigations physiologiques, de chirurgies, de transfert d'embryons et de cultures cellulaires, tout en respectant les normes du Conseil canadien de protection des animaux. En clinique, elle accueille le client et son animal et prédispose ce dernier en vue de la consultation, effectue les tests diagnostiques demandés et administre les médicaments, manipule, immobilise et prend soin de l'animal pendant les traitements, assiste le vétérinaire au cours des chirurgies en préparant le matériel et en administrant l'anesthésique. Elle peut aussi conseiller la clientèle en ce qui concerne les soins à donner aux animaux de compagnie. Elle peut créer sa propre entreprise d'élevage, de toilettage, de nutrition animale et d'animalerie.

C *Techniques de santé animale* (145.A0)

Technicien en sylviculture p.32

Personne qui participe à la planification et à la gestion des travaux de production et de récolte de la matière ligneuse. Elle effectue des travaux d'inventaire et d'évaluation des caractéristiques biophysiques des territoires forestiers, afin de mettre à jour les cartes et les banques de données forestières. En collaboration avec des spécialistes en foresterie, elle supervise les travaux de traitements sylvicoles, de récolte et de régénération des peuplements forestiers.

C *Technologie forestière* (190.B0)

Technicien métallurgiste au contrôle de la qualité p.25, 90

Personne qui exécute des tâches techniques en rapport avec le contrôle de la qualité des matériaux qui entrent dans la fabrication des produits métalliques. Elle aide un ingénieur, dans un laboratoire ou dans une usine, à faire des essais mécaniques (traction, dureté, résilience, etc.) et des essais chimiques sur les matériaux. Elle contribue aussi à l'amélioration des étapes de fabrication, ce qui permet de mieux contrôler la qualité des pièces coulées et le traitement effectué sur les composantes de métal.

C *Technologie du génie métallurgique, spécialisation Contrôle des matériaux* (270.AC)

Technicien-métallurgiste

p. 109

Voir **Technologue-métallurgiste**

Technologiste médical

p. 45

Personne qui effectue en laboratoire des analyses de produits biologiques (sang, urine, etc.) permettant au médecin de diagnostiquer et de traiter les maladies, puis d'assurer un suivi adéquat auprès du patient. Pour ce faire, elle effectue divers prélèvements, les prépare pour les tests, procède aux analyses, compile les données, interprète les résultats et rédige des rapports. Elle collabore également à des travaux de recherche et de développement. Elle peut travailler dans les domaines de la biochimie, de la microbiologie, de l'hématologie, de l'immunologie, de la pathologie et de la cytologie.

C *Technologie d'analyses biomédicales* (140.B0)

Technologue d'essais électriques

p. 71

Personne qui essaie, vérifie et règle des appareils et des systèmes de production, de transmission et de distribution de l'électricité, tels que des gaines de câbles, des dispositifs de protection, du matériel régulateur et des transformateurs, en vue d'assurer l'acheminement du courant électrique selon les normes établies. Elle détecte toute défectuosité, y remédie rapidement et assure ainsi la qualité des services offerts.

C *Technologie de l'électronique industrielle* (243.C0)

Technologue de centrale nucléaire

p. 71

Personne qui effectue diverses tâches techniques liées à l'exploitation, à l'entretien, à la production et au contrôle de la qualité dans une centrale nucléaire. Elle s'occupe, entre autres, de la mise en marche et de l'arrêt du réacteur nucléaire, du réglage des dispositifs de commande et des appareils qui traitent les combustibles nucléaires ainsi que de l'analyse des éventuelles radiations. Elle respecte toutes les mesures de sécurité établies afin d'assurer la protection du personnel de la centrale et de toute la population.

C *Technologie physique* (244.A0)

Technologue des textiles

p. 59

Personne qui exécute diverses tâches relatives à la fabrication des textiles dans le but d'éprouver et d'améliorer les procédés de transformation et de fabrication de différents textiles (tissus pour vêtement ou ameublement, géotextiles, biotextiles, tapis, etc.). Elle coordonne les diverses étapes de la fabrication et procède à des recherches sur la qualité des produits en vue d'atteindre les objectifs et d'augmenter la production dans le respect des normes de qualité établies. Elle vérifie les produits textiles fabriqués afin de déceler toute erreur de fabrication et d'y remédier rapidement.

C *Technologie des matières textiles* (251.A0)

Technologue en aéronautique

p. 99*

Personne qui, en collaboration avec des ingénieurs, planifie et met au point des méthodes de fabrication et d'entretien des aéronefs et qui participe à l'expérimentation de nouveaux prototypes. Elle fait également de la conception et de la fabrication assistées par ordinateur, prépare les devis nécessaires à la vérification des systèmes électroniques, hydrauliques, pneumatiques et mécaniques et prend les décisions relatives aux modifications ou aux réparations des aéronefs. Elle veille au respect des normes en matière de qualité et de sécurité.

C *Techniques de construction aéronautique* (280.B0)

* Sous **Technicien en génie aérospatial**

Technologue en bactériologie

p. 47, 123

Personne qui effectue divers types de tests techniques et d'analyses biologiques en laboratoire, en vue d'assister les spécialistes en biologie (bactériologistes, microbiologistes, zoologistes, etc.) dans leurs travaux de recherche scientifique ou de contrôle de la qualité de l'eau, du sol ou des produits de consommation (alimentaires, pharmaceutiques, industriels). Elle choisit et prépare le matériel, recueille des spécimens et fait des cultures de bactéries ainsi que des tests en laboratoire pour déterminer les effets de certaines bactéries sur différents produits ou pour vérifier l'efficacité de produits destinés à les enrayer. Elle participe également à la compilation et à l'analyse des données recueillies, à la mise au point de méthodes de recherche biologique ainsi qu'à la gestion des ressources humaines et matérielles. Elle doit veiller à la conservation des spécimens et des liquides biologiques en laboratoire et s'assurer que les programmes d'assurance qualité et de santé et sécurité au travail sont correctement mis en œuvre.

C *Techniques de laboratoire, spécialisation Biotechnologie* (210.AA)

Technologue en biochimie

p. 42

Personne qui effectue, en laboratoire, des analyses chimiques des composants de l'organisme humain, en vue d'obtenir des renseignements utiles pour la prévention, le diagnostic et le traitement des maladies. Elle a pour tâche d'analyser des échantillons (sang, urine, etc.) et d'en observer l'apparence, la couleur et le précipité, à partir desquels les résultats de l'analyse sont donnés. Elle contribue à faire avancer la recherche sur la chimie des processus (croissance, reproduction, infection, etc.) et sur les substances chimiques et biologiques susceptibles de servir à la fabrication de médicaments. Elle travaille dans un laboratoire où se font des analyses chimiques, biologiques ou biochimiques (industries agroalimentaires, de cosmétiques, etc.). Elle doit faire preuve de minutie lors des tests et des analyses et bien rendre compte de ses observations afin de contribuer de façon efficace aux recherches auxquelles elle participe.

C *Techniques de laboratoire, spécialisation Biotechnologie* (210.AA)

Technologue en cartographie pétrolière

p. 57

Personne qui travaille à la réalisation de cartes géologiques de gisements de pétrole ou de gaz naturel. Elle aide les géologues et les géophysiciens spécialisés dans le domaine de l'exploration pétrolière à tracer des cartes de coupe des formations rocheuses et y fait figurer les données géologiques, topographiques et sismiques relevées au cours des campagnes d'exploration pétrolière. Elle trace également des cartes de profil du sous-sol sur lesquelles elle indique l'emplacement des gisements, la localisation, la direction et l'inclinaison des puits ainsi que la progression des forages au fur et à mesure des travaux.

C *Technologie de la géomatique, spécialisation Cartographie* (230.AA)

Technologue en chimie

p. 9, 12, 30, 39, 57

Personne qui, dans un laboratoire et en collaboration avec des chimistes, fait diverses expériences et divers tests relatifs à la préparation et à l'analyse de produits chimiques ou au contrôle de leur qualité, en vue de contribuer à la mise au point de nouveaux procédés ou produits. Lors des expériences ou des essais, elle met en œuvre diverses techniques, prépare et traite les solutions, échantillons et réactifs, et procède à la compilation et au traitement des données relatives aux analyses et aux expériences effectuées. Selon son mandat, elle peut également participer à la conception et à la fabrication d'appareils d'expérimentation ou à l'élaboration de programmes d'échantillonnage et de contrôle de la qualité. Elle doit respecter toutes les normes et mesures de sécurité applicables au travail en laboratoire afin d'assurer la sécurité des gens qui y travaillent et la qualité des produits traités.

C *Techniques de laboratoire, spécialisation Chimie analytique* (210.AB)

Technologue en chimie biologie

p. 44, 49, 54

Personne qui assiste les spécialistes dans leurs recherches en laboratoire en vue de les aider à mettre au point de nouvelles techniques et de nouveaux instruments, destinés au milieu médical par exemple, ou encore à trouver des utilisations possibles de certains organismes vivants (levures, bactéries, etc.) dans les industries cosmétique, agroalimentaire, pharmaceutique, de recyclage des déchets, etc. Elle prépare les solutions ainsi que le matériel de laboratoire, règle les instruments, manipule et observe des cellules, des virus, des bactéries et des anticorps, et prend note des résultats de ses recherches. Elle participe également au contrôle de la qualité des matières premières et des produits utilisés, aux analyses chimiques, microbiologiques et immunologiques, ainsi qu'à l'interprétation des résultats. Elle passe les commandes pour le laboratoire et évalue l'efficacité des procédés de fabrication.

C *Techniques de laboratoire, spécialisation Biotechnologie* (210.AA)

Technologue en création de nouveaux produits alimentaires

p. 114, 119

Personne qui, dans un laboratoire, fait des expériences pour mettre au point de nouveaux produits alimentaires ou pour améliorer des produits déjà existants et qui fait des tests et des analyses pour en contrôler la qualité. Elle analyse les produits et leurs composantes, expérimente divers procédés de production et cherche le moyen d'améliorer les produits jugés insatisfaisants. Elle travaille en fonction de deux objectifs : respecter les goûts et les besoins des consommateurs et obtenir les propriétés nutritives recherchées.

C *Technologie de la transformation des aliments* (154.A0)

Technologue en électrophysiologie médicale

p. 72

Personne qui effectue des examens médicaux à l'aide d'appareils sophistiqués (électroencéphalographe, myographe, cardiographe, etc.) pour permettre aux médecins de diagnostiquer certaines maladies, lésions ou anomalies. À cette fin, elle prépare le patient à l'examen, installe des électrodes ou d'autres capteurs qui rendent possible l'enregistrement de l'activité bioélectrique du cerveau, du cœur, des nerfs, des muscles, des voies visuelles et auditives, lit les données recueillies, produit un rapport et le transmet au médecin. Elle assiste également le médecin lors de certains examens spécialisés.

C *Techniques d'électrophysiologie médicale* (140.A0)

Technologue en exploitation forestière

p. 32

Personne qui coordonne les travaux relatifs aux opérations d'abattage, de mesurage, de chargement et de transport du bois, en vue de maximiser la production et de respecter les normes de santé et de sécurité en vigueur. De plus – bien souvent en collaboration avec un ingénieur forestier–, elle planifie et supervise les travaux d'infrastructure en milieu forestier (construction de chemins, de bâtiments d'entreposage des billes, etc.).

C *Technologie forestière* (190.B0)

Technologue en génie chimique

p. 10, 62

Personne qui accomplit des tâches techniques relatives à l'installation et à l'entretien des appareils de production, à l'exploitation et à la mise au point des procédés industriels ainsi qu'au contrôle de la qualité. Afin d'assurer le bon fonctionnement des procédés et des instruments de contrôle, elle participe à la mise au point des méthodes de fabrication, identifie et corrige les défauts mineurs dans les appareils de mesure, calibre les instruments de contrôle, effectue les tests et les analyses qui lui permettent de vérifier la qualité des produits et d'assurer l'entretien des équipements. Elle fait les analyses avec minutie et selon les normes établies.

C *Techniques de génie chimique* (210.02)

Technologue en génie civil

p. 95

Personne qui, en collaboration avec un ingénieur civil, accomplit diverses tâches techniques relatives à la construction d'édifices, de ponts ou de routes. Son travail consiste, entre autres, à préparer les dessins et spécifications de construction, à déterminer les matériaux nécessaires, à estimer les coûts, à effectuer des études et des essais sur les matériaux de construction et, enfin, à vérifier que les travaux sont conformes aux indications et respectent les règles de sécurité. Elle doit faire preuve de précision au cours de ses recherches sur le terrain (étude des sols, quantité et coût des matériaux, etc.) afin d'être en mesure d'évaluer les travaux avec exactitude et de fournir des données fiables.

C *Technologie du génie civil* (221.B0)

Technologue en génie électrique

p. 66

Personne qui participe à la fabrication d'appareils et à l'installation d'équipements électriques (relais, compteurs, indicateurs) ainsi qu'à la conception, à la mise au point et à l'essai de nouveaux systèmes, équipements ou appareils électriques. À cette fin, elle règle, assemble, installe, entretient et répare les appareils et les systèmes de production, de transmission, de protection, de téléconduite et de distribution de l'électricité. Elle peut travailler dans différents domaines: réseaux de l'électricité, appareils électriques, éclairage domestique, etc.

C *Technologie de l'électronique industrielle* (243.C0

Technologue en génie électronique

p. 66, 81

Personne qui participe à l'installation, à la programmation et à l'entretien d'appareils et de systèmes (électroniques, électromécaniques, pneumatiques ou hydrauliques) utilisés dans l'industrie pour l'automatisation des procédés ou pour la distribution de l'énergie. Elle assemble, répare et entretient les circuits, les dispositifs et les systèmes électroniques ou automatisés, ajuste et met en marche les appareils et les systèmes. Elle peut travailler dans le domaine de la représentation ou dans celui du service à la clientèle d'une entreprise manufacturière ou chez un distributeur d'équipement électrique ou de matériel électrodynamique.

C *Technologie de conception électronique* (243.16)

Technologue en génie industriel

p. 115

Personne qui, dans une entreprise, exécute des tâches techniques relatives à la conception, à l'élaboration, à l'implantation ou à l'amélioration de systèmes intégrés de production. Elle collabore à l'évaluation et à l'organisation des installations, à la répartition des tâches de production, au choix des méthodes de travail. Elle gère une équipe de production et s'assure du bon rendement, de la sécurité et de l'entretien des équipements conformément aux politiques en vigueur dans l'entreprise. Elle participe à l'élaboration et à l'implantation des programmes de formation et de prévention des accidents et à la mise en place d'un système d'information sur la production. Elle contrôle l'efficacité et la qualité de la production et fait, si nécessaire, des propositions quant à l'amélioration des procédures.

C *Technologie du génie industriel* (235.B0)

Technologue en génie mécanique

p. 25

Personne qui, en collaboration avec l'ingénieur, effectue des tâches complexes lors de la conception et de la réalisation de projets de fabrication mécanique. Son travail consiste, entre autres, à planifier les installations, la mise à l'essai et la production des machines-outils, à s'occuper de leur entretien et à en contrôler la qualité. À cette fin, elle fait des calculs, des dessins, des prototypes, procède

à l'essai et à l'analyse des machines et accessoires qui serviront à l'élaboration à l'utilisation et à l'entretien des projets.
C *Techniques de génie mécanique, spécialisation Conception* (241.AA ou A1) *spécialisation Fabrication* (241.AB ou A2)

Technologue en hydrologie
p • 70

Personne qui exécute différentes tâches techniques (prise de mesures, prélèvement d'échantillons, inspection d'installations) relatives à l'étude des phénomènes dus à la présence, à la distribution et à la circulation des eaux sur le globe, ainsi qu'à l'étude des propriétés physiques et chimiques de l'eau. Elle assiste les hydrologues et autres spécialistes du domaine, notamment en effectuant l'installation et l'entretien des systèmes de mesure, d'analyse et de contrôle des procédés, ainsi qu'en participant à l'enregistrement et à l'interprétation des données recueillies.
C *Assainissement de l'eau* (260.A0)

Technologue en informatique
p • 87

Personne qui accomplit les tâches techniques liées au bon fonctionnement des réseaux informatiques. Elle peut, entre autres, effectuer de la programmation, installer des logiciels, gérer des bases de données et entretenir le réseau informatique. Au besoin, elle expérimente certains programmes et résout les problèmes de fonctionnement d'un logiciel ou d'un équipement du réseau informatique.
C *Techniques de l'informatique, spécialisation Informatique de gestion* (420.AA)

Technologue en microbiologie
p • 46

Personne qui effectue, en laboratoire, des analyses biologiques en vue d'identifier les micro-organismes (bactéries, virus, champignons, etc.) présents dans tout type d'organismes vivants, d'en connaître les tissus, les sécrétions et les déchets, d'étudier leur action sur les tissus humains, animaux ou végétaux, et de mettre au point des procédés permettant d'en enrayer les effets nuisibles et de tirer parti de leurs effets utiles. Elle fait d'abord des prélèvements afin de trouver les micro-organismes qui sont présents dans l'environnement (eau, sol, végétaux, animaux), puis elle s'occupe de tester ou de fabriquer des médicaments (vaccins, antibiotiques, sérums) ou des produits destinés à éliminer les micro-organismes pathologiques ou à contrôler leur action sur les animaux et les végétaux et, enfin, elle rédige les rapports d'expériences. Elle peut participer aux travaux de recherche de spécialistes dans un domaine d'application particulier (milieu médical, industrie pharmaceutique, agriculture, industrie agroalimentaire, zoologie, biologie marine, etc.). Elle peut être amenée aussi à diriger des programmes opérationnels, telle la production en pisciculture, dans des serres ou des fermes d'élevage d'animaux.
C *Technologie d'analyses biomédicales* (140.B0)

Technologue en minéralurgie
p • 8

Personne qui accomplit diverses tâches techniques relatives au traitement du minerai extrait des carrières. Elle s'occupe, entre autres, du contrôle des procédés d'extraction (concassage, broyage, tamisage et séchage), de l'amélioration des procédés de traitement, du contrôle et du traitement des résidus miniers de même que des analyses de laboratoire (méthodes de récupération du minerai) pour déterminer les caractéristiques du minerai (poids, qualité, type, teneur en humidité). Elle assiste l'ingénieur minier ou le minéralogiste quand ont lieu des tests de contrôle des matériaux rocheux en laboratoire. Elle peut également contribuer à la conception des procédés et collabore à l'optimisation de la production en vue d'augmenter le taux de récupération du minerai.
C *Minéralurgie (Technologie minérale)* (271.03)

Technologue en photonique
p • 21

Personne qui assiste des ingénieurs et des chercheurs dans leurs recherches portant sur la photonique (science étudiant les différentes propriétés de la lumière) et qui participe aux différentes étapes des projets (planification, organisation, expérimentation). Elle contribue, entre autres, à la préparation des spécifications techniques, au choix de l'instrumentation ainsi qu'au classement des informations nécessaires pour mener à bien le projet de recherche. Elle travaille aussi à la conception et à la réalisation des montages expérimentaux, au réglage du matériel technique et à l'expérience elle-même, tout en assurant le contrôle de la qualité des produits et de la fiabilité des appareils utilisés. Elle collabore à l'analyse des mesures recueillies en laboratoire, en fait le rapport écrit et s'occupe de l'entretien de l'équipement. Elle doit bien maîtriser les techniques de pointe relevant de divers domaines (optique, lasers, fibres optiques, propriétés des matériaux, etc.) afin de pouvoir s'acquitter de l'ensemble des tâches qui lui sont confiées.
C *Technologie physique* (244.A0)

Technologue en procédés métallurgiques
p • 91, 92, 93

Personne qui effectue des tâches techniques liées à la mise en fabrication, au développement et au contrôle des procédés de production en vue d'assister l'ingénieur dans des activités telles que la production des métaux primaires, l'élaboration d'alliages fins et le traitement thermique des pièces. Elle analyse des matériaux et planifie la production de produits métalliques. Elle développe, supervise et vérifie la mise en œuvre des procédés de production comme la fusion et la coulée des alliages ainsi que les premières étapes de transformation telles que le laminage, l'extrusion, le tréfilage, l'emboutissage et la fonderie de pièces finies. Elle ajuste et régularise les procédés de production, s'occupe du traitement thermique et de l'usinage des pièces, assure le contrôle de la qualité en cours de production, évalue le rendement des équipements, détermine les besoins d'entretien, de remplacement et de calibration des appareils de production. Elle peut superviser des techniciens et des opérateurs.
C *Technologie du génie métallurgique, spécialisation Procédés de transformation* (270.AA)

Technologue en production optique
p • 27

Personne qui participe à la fabrication de composants optiques ainsi qu'au développement et à l'implantation de techniques ou d'outils visant à améliorer ou à automatiser les procédés de production. Pour ce faire, elle planifie et gère les activités de production, fait la soudure et la connexion de fibres optiques, monte et assemble différents appareils complexes, interprète les données pertinentes à chacune des étapes de production et teste la qualité des produits assemblés. Pour exécuter ses diverses tâches, elle a recours à un mode de production assisté par ordinateur et à des automates intégrés (procédés semi-automatiques).
C *Technologie physique* (244.A0)

Technologue en sciences forestières
p • 33

Personne qui accomplit différentes tâches techniques relatives à la transformation primaire des produits forestiers et qui doit tenir compte de la recherche forestière, de la gestion et de l'exploitation des forêts, ainsi que de la conservation et de la protection des ressources forestières. Elle s'occupe, entre autres, d'examiner la matière première afin d'en déterminer les caractéristiques (diamètre, longueur, etc.) et de choisir le mode de débitage le plus approprié, de faire des essais afin de découvrir la manière la plus rentable d'utiliser la matière première, de superviser les opérations de séchage et de traitement du bois, d'analyser les marchés afin d'éviter l'accumulation de stocks invendus. Elle vérifie régulièrement la machinerie afin de remplacer, s'il y a lieu, l'équipement défectueux.
C *Technologie forestière* (190.B0)

Technologue en transformation de produits alimentaires

p. 115

Personne qui dirige et contrôle la fabrication de produits alimentaires aux diverses étapes de leur transformation. Elle fait fonctionner les systèmes de production informatisée, surveille le rythme de fabrication et règle tout problème relatif à la production afin d'assurer la régularité de la fabrication et la qualité des produits finis. Elle peut aussi se joindre à une équipe de recherche pour maintenir et développer ses connaissances sur les standards de qualité (normes spécifiques), sur la fabrication de nouveaux produits et sur toute nouvelle donnée pouvant contribuer à une production optimale en termes de rentabilité, de qualité et de respect des normes d'hygiène et de salubrité.

C *Technologie de la transformation des aliments* (154.A0)

Technologue en transformation des produits forestiers

p. 32

Personne qui exécute, en usine, diverses tâches complexes en rapport avec la transformation des arbres en produits standardisés. Elle inspecte la matière première, choisit le mode de débitage, surveille les opérations de séchage et de traitement du bois afin d'accroître sa résistance à l'usure, au feu, à l'action des acides, à la moisissure et aux insectes. Elle doit également résoudre les éventuels problèmes d'humidité, de gonflement, de contraction et de compressibilité. Elle contrôle la qualité des matières premières livrées à l'usine et analyse les marchés afin d'éviter l'accumulation des stocks. Elle peut être appelée à gérer du personnel.

C *Technologie de la transformation des produits forestiers* (190.A0)

Technologue-métallurgiste

p. 6

Personne qui, dans une aciérie, une fonderie ou une usine de produits métallurgiques, supervise et contrôle l'application des procédés métallurgiques (fusion des métaux, coulée des alliages, traitements thermiques, etc.) en vue d'assurer la qualité de la production et la sécurité des opérations, conformément aux devis d'ingénierie. Elle évalue également l'état et le rendement de l'équipement afin de déterminer les besoins d'entretien, de calibration et de remplacement du matériel et elle veille à ce que soient effectués les travaux nécessaires. Elle peut aussi, pour le compte d'une firme de consultants en ingénierie, participer avec des ingénieurs à la mise au point de nouveaux procédés de production ou de traitement métallurgique, à l'amélioration des méthodes de fabrication et de transformation existantes ou à l'élaboration de programmes visant à améliorer la qualité des produits finis.

C *Technologie du génie métallurgique, spécialisation Procédés de transformation* (270.AA)

Technologue-soudeur

p. 25

Personne qui accomplit des tâches techniques complexes en rapport avec les procédés de soudage. Elle s'occupe, entre autres, d'établir les paramètres de réglage des machines à souder, de déterminer les procédés de soudage appropriés et de mettre à l'essai de nouvelles machines. Elle contribue, par ses recommandations, à la conception et à la mise au point de nouveaux procédés. Elle met à contribution sa connaissance des matériaux (propriétés mécaniques et chimiques des matières) de manière à pouvoir garantir la qualité des assemblages et à optimiser les procédés de fabrication.

C *Technologie du génie métallurgique, spécialisation Fabrication mécanosoudée* (270.AB)

Technologue-spécialiste des produits alimentaires

p. 118

Personne qui, à titre de spécialiste de l'alimentation, exécute des tâches techniques et fait des expériences en laboratoire dans le but de contrôler la qualité des aliments. Son rôle consiste particulièrement à déterminer la teneur en sucre des aliments, à expérimenter des recettes, à procéder à des vérifications permettant de contrôler la qualité à chacune des étapes de la production, que ce soit par des tests mécaniques, chimiques ou bactériologiques. Elle participe également à la conception et à la mise au point de nouveaux produits et procédés de transformation, en veillant toujours à bien respecter les normes d'hygiène et de salubrité.

C *Technologie de la transformation des aliments* (154.A0)

Tôlier

p. 24

Personne qui travaille à la fabrication, au montage, à l'installation et à la réparation d'objets ou de systèmes comprenant des feuilles métalliques ou des objets métalliques préfabriqués (systèmes de ventilation, coupe-feu, gouttières, cloisons, casiers, etc.). Pour ce faire, elle prend connaissance des travaux à effectuer, conçoit les patrons, trace les repères nécessaires sur les feuilles métalliques et procède aux opérations de coupe et d'assemblage à l'aide des machines-outils appropriées. Elle doit s'assurer que les installations et les montages respectent les normes établies (grosseur, forme, épaisseur, etc.) afin de fabriquer des produits de qualité.

FP *Tôlerie de précision* (5244)

Traceur de charpentes métalliques

p. 95

Personne qui marque les traces de coupe et les points de repère sur des pièces de métal qui seront découpées, soudées, assemblées pour en faire des structures métalliques complexes, à savoir des ponts, des grues, des bâtiments, etc. Elle planifie la succession des opérations à exécuter et elle fabrique des patrons et des gabarits qui lui serviront de guides pour effectuer ses travaux. Elle doit bien lire et comprendre les dessins et les modèles de manière à pouvoir découper avec précision des éléments de charpentes qui soient conformes aux normes de qualité.

FP *Ferblanterie-tôlerie* (5233)

Travailleur social

p. 117

Personne qui aide des individus, des couples, des familles, des groupes et des collectivités aux prises avec divers problèmes sociaux (violence, délinquance, suicide, etc.) dans le but de développer leurs compétences pour se sortir de situations difficiles et apprendre à vivre en harmonie avec leur environnement. À cette fin, elle procède à des évaluations et à des diagnostics psychosociaux, établit des plans d'intervention, détermine la nature des services dont ils auront besoin (suivi thérapeutique, référence à diverses ressources, réseau de soutien ou d'entraide, etc.) et assure le suivi. Elle participe également au développement communautaire et à la défense des intérêts de groupes sociaux.

U *Service social / Travail social* (15477)

V

Vérificateur de logiciels et d'applications informatiques

p • 80

Personne qui s'assure que les logiciels et les autres applications informatiques fonctionnent conformément aux spécifications approuvées et aux explications fournies dans le manuel d'accompagnement. Elle doit déceler les bogues, les défectuosités, de même que toutes les anomalies afin que les éventuels utilisateurs disposent d'un produit de qualité.

C *Techniques de l'informatique, spécialisation Informatique de gestion* (420.AA)

U *Informatique de gestion / Informatique et génie logiciel* (15340)

Virologiste

p • 49

Personne qui, à titre de spécialiste de la microbiologie, fait des recherches sur la structure, l'origine, l'action et les moyens de suppression des virus qui affectent les plantes, les animaux ou les êtres humains. Elle procède à des analyses en laboratoire, afin d'identifier les virus, et effectue des tests de neutralisation et de dépistage d'anticorps ainsi que des essais d'immunisation. Elle réalise des cultures de cellules animales et humaines sur lesquelles elle effectue diverses expérimentations afin d'accroître sa connaissance des virus. Elle travaille aussi à la conception et à la production de vaccins, s'occupe de diriger ou de superviser le travail d'une équipe technique de laboratoire, rédige des rapports de recherche et participe à des congrès scientifiques. Elle vise à contribuer à la mise au point de traitements plus efficaces des maladies virales en travaillant à l'amélioration des méthodes diagnostiques et des médicaments.

U *Microbiologie / Immunologie* (15211)

Catalogage avant publication de Bibliothèque et Archives nationales du Québec et Bibliothèque et Archives Canada

Vedette principale au titre:

Des objets qui ont du métier! : exploration professionnelle en science et technologie

ISBN 978-2-89471-262-7

1. Sciences - Ouvrages de vulgarisation. 2. Technologie - Ouvrages de vulgarisation. 3. Sciences - Orientation professionnelle - Dictionnaires français. 4. Technologie - Orientation professionnelle - Dictionnaires français. I. Boîte à science (Association).

Q162.D47 2008 500 C2008-940153-0

Chargée de projet
Francine Chatigny

Concepteur et superviseur
Jean-François St-Cyr, Boîte à science

Recherchiste et rédacteur
Joël Leblanc, Boîte à science

Concepteur graphique et visuel
Interscript

Infographistes
Interscript
Nathalie Perreault, Septembre éditeur

Réviseure linguistique et correctrice d'épreuves
Anik Charbonneau

Illustrateur
Bertrand Lachance

Gestionnaire de base de données
Annie Pelletier

SEPTEMBRE ÉDITEUR

Président
André Provencher

Directeur général et éditeur adjoint
Martin Rochette

L'éditeur remercie le gouvernement du Québec pour l'aide financière accordée à l'édition de cet ouvrage, par l'entremise du Programme de crédit d'impôt pour l'édition de livres, administré par la SODEC.

L'éditeur bénéficie du soutien de la Société de développement des entreprises culturelles (SODEC) pour son programme d'édition et pour ses activités de promotion.

Nous reconnaissons l'aide financière du gouvernement du Canada, par l'entremise du Programme d'aide au développement de l'industrie de l'édition (PADIÉ), pour nos activités d'édition.

Crédit photo, page par page
Couvert 1 istock / Alvarez, Dimitry Romanchuck, Andrew Howe, Leigh Schindler, Andresr
Couvert 4 Stephan Hoerold, Devinci, Alcoa
P. 5 Michel Bourret P. 35 Nasa
Toutes les autres photos non identifiées dans les pages proviennent d'Istock (de haut en bas, de gauche à droite)
P.6 Robert Cocquyt P. 7 Myron Unrau, David Elfstrom P. 8 Clayton Hansen P. 9 Peter Zawodny P. 10 Amar Cudic, Manfred Konvad P. 11 Ben Russell P. 12 Chris Hughues, Mike Ruyechan P. 13 Caitlin Cahill P. 14 Manuel Velasco, Mathieu Viennet, Arne Thaysen, Andrew F Kazmierski P. 15 Paul Morton, Lorenzo Pastore, Brian Wilke P. 16 David Elfstrom P. 17 Robert Ivanov P. 18 José Luis Gutié P. 19 Dainis Derics P. 21 Greg Nicolas P. 22 Andrea Gingerich P. 24 Mark Stay P. 25 Carolina K. Smith M.D. Peggy De Meue, Kateryna Govorushchenko P. 29 Judson Lane P. 31 Renee Lee P.34 Kristen Johansen P. 35 Vasko Miokovic P. 36 Tomaz Levstek, Arturo Limon P. 37 Paul Johnson P. 39 Jaimie D. Travis, Daniel Hale P. 41 Joshua Sowin P. 42 Ben Blankenburg P. 43 Anita Patterson, Jason Stitt, Tom Werner P. 44 Stephen Sweet P. 46 Stefan Klein, Sebastian Kaulizki P. 47 Amanda Rohde, Craig DeBourbon P. 48 Andrei Tchernov, Jaimie Duplass, Kirill Zdorov P. 49 Shaun Lowe P. 50 Cliff Parnell, Scott Leman P. 53 Juan Monino P. 54 Marie-France Bélanger, Simon Podgosrek P. 55 Graça Victoria, Rafa Irusta P. 58 Gavin Cooper, Eva Serrabassa P. 60 Gino Santa Maria, Alain Juteau P. 61 Steven Robertson, Matteo Natale P. 62 Jelani Memory, Gino Santa Maria, Mark Ballantyne, Dan Brandenburg P. 65 Jennifer Byron P. 66 Lance, Bellers, Michael Shake, Tom Young P. 67 Gregory Spencer P. 68 Chris Zawada, Mark Rose, Brandon Alms P. 69 James Stedl P. 70 Richard Bania P. 71 Grant Dougall P. 72 Ronald Hudson, Sebastian Kaulizki P.73 Jan Tyler P. 74 Amy Goodchild, Mark Hilverda P. 75 Pali Rao P.77 Justin Voight P. 78 Neil Sullivan, Ayaaz Rattansi, Katharina Wittfeld, Leigh Schindler P. 79 Leigh Schindler, Achim Prill P. 80 Gregory Spencer P. 81 Michael Kempf, Andrew Howe P. 82 Bonita Hein, Gabriela Trojanowska, Antonis Papantoniou, Lewis Wright P. 83 Makjaz Boncina, Leah-Anne Thompson P. 85 Michal Rozanski, Sergiy Shcherbakov, Amanda Rohde P. 86 James Pauls, Andreas Reh P. 87 Steeve Dibblee, Agressor P. 89 Bettina Ritter P. 90 Vasiliy Ganzha P. 91 Zoran Kolundzjia P. 92 Marianne Fitzgerald, Marcelo Wain, Michael Fernahi P. 93 Thomas Lammeyer P. 94 Dianne Maire, Philippe Michels P. 96 Sergey Goruppa P. 101 Iryna Kurhan P. 103 Lisa Mcdonald, Katherine Garrenson P. 104 Evgeny Kan P. 105 Caryn Drexl P. 106 Michael Westhoff, John Archer, Adam Booth P. 108 Chris Pollack P. 109 Leon Bonaventura, Robert Simon, Stephen Redel P. 111 Aerin Wilson P. 113 Dawn Liljenquist P. 114 Cathly Kaplan, Lynn Graesing P. 115 Maria Adelaïde Silva, Gracia Victoria, Paul Tessier P.116 Marjan Veljanoski P. 117 Julie Ridge P. 118 Ronald Manera, Pederk, Jim Parkin, Boleslaw Kubica P. 119 Anna Milkova P. 120 Hasan Kursad Ergan, Christian Michael, Daniel Chadwick P. 121 Ashok Rodrigues P. 122 Sebastien Côté, Ivan Chyyev

Dépôt légal – Bibliothèque et
Archives nationales du Québec, 2008
Dépôt légal – Bibliothèque et Archives Canada, 2008
1er trimestre 2008
ISBN 978-2-89471-262-7

Imprimé et relié au Québec

3643, des Compagnons
Bureau F203, Porte 5,
Québec (Québec) G1X 3Z6

Téléphone: 418 658-1426
Télécopieur: 418 658-1012

www.boiteascience.com

2825, ch. des Quatre-Bourgeois
C.P. 9425, succ. Sainte-Foy
Québec (Québec) G1V 4B8

Téléphone: 418 658-7272
Sans frais: 1 800 361-7755
Télécopieur: 418 652-0986

www.septembre.com

Remerciements

Ce livre n'existerait pas si tous les organismes et personnes nommés ci-dessous n'avaient pas offert gracieusement leur collaboration.

Nous tenons à remercier très sincèrement les fournisseurs de photos, qui ont également bonifié le contenu de leurs commentaires, ainsi que tous les gens qui ont bien voulu mettre leurs connaissances à profit dans cet ouvrage. Merci particulier aux élèves qui ont accepté d'être les premiers critiques! Merci à tous!

Académie internationale Compétence Beauté ltée

Agence canadienne d'inspection des aliments

Agriculture et Agroalimentaire Canada, Centre de recherche et de développement sur les aliments de Saint-Hyacinthe (AAC-CRDA)

Alcoa

Association minière du Québec

Bell Helicopter Textron Canada limitée

Bombardier Aéronautique

Bridgestone-Firestone

CAE inc.

Centre d'optique, photonique et laser de l'Université Laval (COPL)

Centre intégré de fonderie et de métallurgie (CIFM)

Collège François-Xavier-Garneau (Département Techniques d'hygiène dentaire)

Comité sectoriel de la main-d'œuvre dans la fabrication métallique industrielle (CSMOFMI)

Comité sectoriel de main-d'œuvre de l'environnement (Envirocompétences)

Comité sectoriel de main-d'œuvre de l'industrie du caoutchouc du Québec (CSMO caoutchouc)

Comité sectoriel de main-d'œuvre en aérospatiale (CAMAQ)

Comité sectoriel de main-d'œuvre en aménagement forestier (CSMOAF)

Comité sectoriel de main-d'œuvre de la métallurgie du Québec - QIT- Fer et Titane inc.

Comité sectoriel de main-d'oeuvre de l'industrie textile du Québec Commission de la construction du Québec (CCQ)

Conseil de l'industrie forestière du Québec

Comité sectoriel de la main-d'œuvre des services de soins personnels

Devinci

École de design de l'UQAM

École des métiers de l'aérospatiale de Montréal (ÉMAM)

École nationale de lutherie

École nationale du meuble et de l'ébénisterie

Faculté de foresterie et de géomatique (Université Laval)

Forintek

Hydro-Québec

Institut des nutraceutiques et des aliments fonctionnels (INAF)

Institut du transport avancé du Québec (ITAQ)

Junex

Laboratoire OPTIQUE CRISTAL

Laser visuel de Québec

Météomédia

Octave acoustique inc.

Parc national de Miguasha

Parc technologique du Québec métropolitain

Produits Américan Biltrite

Rio Tinto Alcan

Studio Virtuel Concept

TSO_3

Zanin inc.

VALIDATION SCIENTIFIQUE

Alain Haché, physicien, Université de Moncton

André Pichette, Laboratoire d'analyse et de séparation des essences végétales (LASÈVE)

Christine Dion, psychologue

Geneviève Clermont, Groupe Marcelle

Jacques Goyette, professeur de physique, Institut de recherche sur l'hydrogène

Jean Deboisbriand, Contact Visuel

Jean Legault, Laboratoire d'analyse et de séparation des essences végétales (LASÈVE)

Jean-Marc Bouchard, Consultants Bouchard et Lanctôt

Jérôme Chapdelaine, ingénieur en informatique, Cybercat

Joanne Milot, infirmière de recherche, Hôpital Laval

Julie Belley, hygiéniste dentaire, Clinique dentaire Marc-André Gagnon

Julien Dionne, vétérinaire, Cégep de la Pocatière

Lorraine Blais, ingénieure, Centre spécialisé de technologie physique du Québec

Lucie Dion, communications, ALCAN

Normand Voyer, chimiste, Université Laval

Sandra Morency, conseillère, ANAPHARM

Sara Gagné, esthéticienne, Institut d'épilation laser et d'esthétique de Québec

Sophie Banville, communications, Institut des Nutraceutiques et des Aliments Fonctionnels

Sylvie Dufresne, Laser visuel de Québec

VALIDATION PÉDAGOGIQUE

Annie Vuillet, professeure (École secondaire du Phare, Sherbrooke)

Julie Morasse, professeure (École secondaire Saint-Marc, Saint-Marc-des-Carrières)

GROUPE TESTEUR

Élèves de l'École Secondaire Les Compagnons-de-Cartier:

Alexia Lefèbvre

Anne-Marie Samson

Charlène Bouchard

Charles-Antony Rioux

David Nadeau-Labbé

Geneviève Lévesque

Julien Loudatière

Louis-Frédéric Viens

Marianne Fay

Mathieu Béland